普通高等教育“十四五”规划教材

资源循环科学与工程专业系列教材　薛向欣　主编

钢铁冶金资源循环利用

程功金　杨　合　编

北　京
冶　金　工　业　出　版　社
2023

内 容 提 要

本教材为资源循环科学与工程专业系列教材之一。内容包括：钢铁冶金资源循环利用概述，钢铁冶金资源与环境，钢铁冶金粉尘、钢铁冶金炉渣、废钢和轧钢氧化铁红、钢铁冶金煤气以及钢铁冶金废水的循环利用。

本教材为资源循环科学与工程专业本科教材和参考书，可作为环境科学与工程专业的本科教学用书，也可供相关专业研究生阅读参考。

图书在版编目(CIP)数据

钢铁冶金资源循环利用/程功金，杨合编．—北京：冶金工业出版社，2023.2

普通高等教育“十四五”规划教材

ISBN 978-7-5024-9380-6

Ⅰ.①钢…　Ⅱ.①程…　②杨…　Ⅲ.①钢铁冶金—资源利用—循环使用—高等学校—教材　Ⅳ.①TF4

中国国家版本馆 CIP 数据核字(2023)第 024780 号

钢铁冶金资源循环利用

出版发行　冶金工业出版社　　**电　　话**　(010)64027926
地　　址　北京市东城区嵩祝院北巷 39 号　　**邮　　编**　100009
网　　址　www.mip1953.com　　**电子信箱**　service@mip1953.com

责任编辑　刘小峰　曾　媛　美术编辑　彭子赫　版式设计　郑小利
责任校对　李　娜　责任印制　窦　唯

北京印刷集团有限责任公司印刷
2023 年 2 月第 1 版，2023 年 2 月第 1 次印刷
787mm×1092mm　1/16；8.25 印张；199 千字；115 页
定价 39.00 元

投稿电话　(010)64027932　投稿信箱　tougao@cnmip.com.cn
营销中心电话　(010)64044283
冶金工业出版社天猫旗舰店　yjgycbs.tmall.com
（本书如有印装质量问题，本社营销中心负责退换）

序

人类的生存与发展、社会的演化与进步，均与自然资源消费息息相关。人类通过对自然界的不断索取，获取了创造财富所必需的大量资源，同时也因认识的局限性、资源利用技术选择的时效性，对自然环境造成了无法弥补的影响。由此产生大量的“废弃物”，为人类社会与自然界的和谐共生及可持续发展敲响了警钟。有限的自然资源是被动的，而人类无限的需求却是主动的。二者之间，人类只有一个选择，那就是必须敬畏自然，必须遵从自然规律，必须与自然界和谐共生。因此，只有主动地树立“新的自然资源观”，建立像自然生态一样的“循环经济发展模式”，才有可能破解矛盾。也就是说，必须采用新方法、新技术，改变传统的“资源—产品—废弃物”的线性经济模式，形成“资源—产品—循环—再生资源”的物质闭环增长模式，将人类生存和社会发展中产生的废弃物重新纳入生产、生活的循环利用过程，并转化为有用的物质财富。当然，站在资源高效利用与环境友好的界面上考虑问题，物质再生循环并不是目的，而只是一种减少自然资源消耗、降低环境负荷、提高整体资源利用率的有效工具。只有充分利用此工具，才能维持人类社会的可持续发展。

“没有绝对的废弃物，只有放错了位置的资源。”此言极富哲理，即若有效利用废弃物，则可将其变为“二次资源”。既然是二次资源，则必然与自然资源（一次资源）自身具有的特点和地域性、资源系统与环境的整体性、系统复杂性和特殊性密切相关，或者说自然资源的特点也决定了废弃物再资源化科学研究与技术开发的区域性、综合性和多样性。自然资源和废弃物间有严格的区分和界限，但互相并不对立。我国自然资源禀赋特殊，故与之相关的二次资源自然具备了类似特点：能耗高，尾矿和弃渣的排放量大，环境问题突出；同类自然资源的利用工艺差异甚大，故二次资源的利用也是如此；虽是二次资源，但同时又是具有废弃物和污染物属性的特殊资源，绝不能忽视再利用过程的污染转移。因此，站在资源高效利用与环境友好的界面上考虑再利用的原理和技术，不能单纯地把废弃物作为获得某种产品的原料，而应结合具体二次资源考虑整体化、功能化的利用。在考虑科学、技术、环境和经济四者统一原则下，遵从只有科学原理简单，技术才能简单的逻辑，尽可能低投入、低消耗、低污染和高效率地利用二次资源。

2008年起，国家提出社会经济增长方式向“循环经济”“可持续发展”转变。在这个战略转变中，人才培养是重中之重。2010年，教育部首次批准南开大学、山东大学、东北大学、华东理工大学、福建师范大学、西安建筑科技大学、北京工业大学、湖南师范大学、山东理工大学等十所高校，设立战略性新兴产业学科“资源循环科学与工程”，并于2011年在全国招收了首届本科生。教育部又陆续批准了多所高校设立该专业。至今，全国已有三十多所高校开设了资源循环科学与工程本科专业，某些高校还设立了硕士和博士点。该专业的开创，满足了我国战略性新兴产业的培育与发展对高素质人才的迫切需求，也得到了学生和企业的认可和欢迎，展现出极强的学科生命力。

“工欲善其事，必先利其器”。根据人才培养目标和社会对人才知识结构的需求，东北大学薛向欣团队编写了《资源循环科学与工程专业系列教材》。系列教材目前包括《有色金属资源循环利用（上、下册）》《钢铁冶金资源循环利用》《污水处理与水资源循环利用》《无机非金属资源循环利用》《土地资源保护与综合利用》《城市垃圾安全处理与资源化利用》《废旧高分子材料循环利用》七个分册，内容涉及的专业范围较为广泛，反映了作者们对各自领域的深刻认识和缜密思考，读者可从中全面了解资源循环领域的历史、现状及相关政策和技术发展趋势。系列教材不仅可用于本科生课堂教学，更适合从事资源循环利用相关工作的人员学习，以提升专业认识水平。

资源循环科学与工程专业尚在发展阶段，专业研发人才队伍亟待壮大，相关产业发展方兴未艾，尤其是随着社会进步及国家发展模式转变所引发的相关产业的新变化。系列教材作为一种积极的探索，她的出版，有助于我国资源循环领域的科学发展，有助于正确引导广大民众对资源进行循环利用，必将对我国资源循环利用领域产生积极的促进作用和深远影响。对系列教材的出版表示祝贺，向薛向欣作者团队的辛勤劳动和无私奉献表示敬佩！

中国工程院院士 黄小

2018年8月

主 编 的 话

众所周知，谁占有了资源，谁就赢得了未来！但资源是有限的，为了可持续发展，人们不可能无休止地掠夺式地消耗自然资源而不顾及子孙后代。而自然界周而复始，是生态的和谐循环，也因此而使人类生生不息繁衍至今。那么，面对当今世界资源短缺、环境恶化的现实，人们在向自然大量索取资源创造当今财富的同时，是否也可以将消耗资源的工业过程像自然界那样循环起来？若能如此，岂不既节约了自然资源，又减轻了环境负荷；既实现了可持续性发展，又荫福子孙后代？

工业生态学的概念是 1989 年通用汽车研究实验室的 R. Frosch 和 N. E. Gallopoulouszai 在“Scientific American”杂志上提出的，他们认为“为何我们的工业行为不能像生态系统那样，在自然生态系统中一个物种的废物也许就是另一个物种的资源，而为何一种工业的废物就不能成为另一种资源？如果工业也能像自然生态系统一样，就可以大幅减少原材料需要和环境污染并能节约废物垃圾的处理过程”。从此，开启了一个新的研究人类社会生产活动与自然互动的系统科学，同时也引导了当代工业体系向生态化发展。工业生态学的核心就是像自然生态那样，实现工业体系中相关资源的各种循环，最终目的就是要提高资源利用率，减轻环境负荷，实现人与自然的和谐共处。谈到工业循环，一定涉及一次资源（自然资源）和二次资源（工业废弃物等），如何将二次资源合理定位、科学划分、细致分类，并尽可能地进入现有的一次资源加工利用过程，或跨界跨行业循环利用，或开发新的循环工艺技术，这些将是资源循环科学与工程学科的重要内容和相关产业的发展方向。

我国的相关研究几乎与世界同步，但工业体系的实现相对迟缓。2008 年我国政府号召转变经济发展方式，各行业已开始注重资源的循环利用。教育部响应国家号召首批批准了十所高校设立资源循环科学与工程本科专业，东北大学也在其中，目前已有 30 所学校开设了此专业。资源循环科学与工程专业不仅涉及环境工程、化学工程与工艺、应用化学、材料工程、机械制造及其自动化、电子信息工程等专业，还涉及人文、经济、管理、法律等多个学科；与原有资源工程专业的不同之处在于，要在资源工程的基础上，讲清楚资源循环以及相应的工程和管理。

通过总结十年来的教学与科研经验，东北大学资源与环境研究所终于完成了《资源循环科学与工程专业系列教材》的编写。系列教材的编写思路如下：

（1）专门针对资源循环科学与工程专业本科教学参考之用，还可以为相关专业的研究生以及资源循环领域的工程技术人员和管理决策人员提供参考。

（2）探讨资源循环科学与工程学科与冶金工业的关系，希望利用冶金工业为资源循环科学与工程学科和产业做更多的事情。

（3）作为探索性教材，考虑到学科范围，教材内容的选择是有限的，但应考虑那些量大面广的循环物质，同时兼顾与冶金相关的领域。因此，系列教材包括水、钢铁材料、有色金属、硅酸盐、高分子材料、城市固废和与矿业废弃物堆放有关的土壤问题，共7个分册。但这种划分只能是一种尝试，比如水资源循环部分不可能只写冶金过程的问题；高分子材料的循环大部分也不是在冶金领域；城市固废的处理量也很少在冶金过程消纳掉；即使是钢铁和有色金属冶金部分也不可能在教材中概全，等等。这些也恰恰给教材的续写改编及其他从事该领域的同仁留下想象与创造的空间和机会。

如果将系列教材比作一块投石问路的“砖”，那么我们更希望引出资源能源高效利用和减少环境负荷之“玉”。俗话说“众人拾柴火焰高”，我们真诚地希望，更多的同仁参与到资源循环利用的教学、科研和开发领域中来，为国家解忧，为后代造福。

系列教材是东北大学资源与环境研究所所有同事的共同成果，李勇、胡恩柱、马兴冠、吴畏、曹晓舟、杨合和程功金七位博士分别主持了7个分册的编写工作，他们付出的辛勤劳动一定会结出硕果。

中国工程院黄小卫院士为系列教材欣然作序！冶金工业出版社为系列教材做了大量细致、专业的编辑工作！我的母校东北大学为系列教材的出版给予了大力支持！作为系列教材的主编，本人在此一并致以衷心谢意！

东北大学资源与环境研究所

2018年9月

前　　言

自2020年，中国粗钢产量就超过了10亿吨，占世界粗钢产量的半数以上。巨量钢铁产出的同时，也产生了巨量的钢铁冶金二次资源，给土地、地下水、空气环境带来了巨大的压力，因此，针对这些巨量的二次资源，很有必要开展资源化循环利用，实现“变废为宝”，解决环境问题的同时，不断地创造价值。

钢铁冶金二次资源种类复杂，总体包括钢铁冶金固废、钢铁冶金煤气、钢铁冶金废水等，产生于钢铁冶金生产过程的不同流程，如高炉炼铁产生高炉渣、转炉炼钢产生钢渣、轧钢产生氧化铁皮等，特殊的原料如钒钛磁铁矿，经高炉冶炼会产生特殊的含钛的高炉渣，高炉冶炼过程还会产生高炉煤气、高炉煤气洗涤水以及冲渣废水等。

种类复杂多样的二次资源，其性质差别也较大，不同的物理特性、化学/矿物组成及成分特点决定了其利用途径的不同，造成了利用方式的多样性。如何实现钢铁冶金二次资源的循环利用，开展适合不同钢铁冶金二次资源特点的高效清洁利用基础理论研究和关键技术开发，成为当今社会的一个重要课题。将其资源化利用，是保护环境和减少资源浪费最有效的途径，符合循环经济生态思维。

不同的钢铁冶金二次资源应用在不同领域实现循环利用，对解决损害人类健康的固废、废气、废水等突出环境问题“百利无弊”，有利于推进国家生态文明建设、推动我国经济的绿色可持续发展。

本教材针对高等学校资源循环科学与工程专业的课程特点，结合当代钢铁冶金资源及材料循环利用特点，全面阐述了钢铁冶金固废、废气、废水等钢铁冶金行业典型二次资源循环综合利用技术及相关工艺过程、方法，力求使学生全面了解、掌握钢铁冶金资源及材料循环利用的科学原理与技术状况，为其未来从事资源综合利用工作打下扎实的专业基础。

本教材可作为高等学校资源循环科学与工程、环境科学与工程、资源与环境等专业本科教材和参考书，可作为相关专业研究生参考书，也可供相关行业工程技术人员参考。

全书共分7章，分别为：钢铁冶金资源循环利用概述、钢铁冶金资源与环境、钢铁冶金粉尘的循环利用、钢铁冶金炉渣的循环利用、废钢和轧钢氧化铁红的循环利用、钢铁冶金煤气的循环利用、钢铁冶金废水的循环利用。本教材由东北大学冶金学院资源与环境系程功金和杨合共同编写。

本教材在编写过程中，博士生邢振兴等协助整理了部分材料，并得到了东北大学资源与环境研究所和冶金工业出版社的大力帮助，在此对他们表示由衷的感谢。

由于钢铁冶金资源及材料循环利用还处于发展阶段，加之编者水平所限，书中疏漏和不足之处，敬请读者批评指正。

编者

2022年12月于东北大学

目　　录

1　钢铁冶金资源循环利用概述 …… 1

1.1　中国与世界钢铁工业现状 …… 1
1.2　现代钢铁冶金过程 …… 2
1.2.1　焦化 …… 3
1.2.2　烧结 …… 3
1.2.3　球团 …… 4
1.2.4　炼铁 …… 4
1.2.5　炼钢 …… 5
1.2.6　连铸连轧和轧钢 …… 6
1.3　钢铁冶金资源循环利用的意义 …… 6
1.4　钢铁循环冶金的目的与内容 …… 7
1.4.1　钢铁循环冶金的目的 …… 7
1.4.2　钢铁循环冶金的内容 …… 7
本章小结 …… 8
习题 …… 8

2　钢铁冶金资源与环境 …… 9

2.1　钢铁冶金资源的分类及相关概念 …… 9
2.2　钢铁冶金的环境问题与污染控制 …… 10
2.2.1　钢铁冶金的环境问题 …… 10
2.2.2　钢铁冶金的污染控制 …… 10
2.3　钢铁冶金资源的处理处置方式 …… 11
2.3.1　钢铁冶金固体废物处理处置方式 …… 11
2.3.2　钢铁冶金废气处理处置方式 …… 11
2.3.3　钢铁冶金废水处理处置方式 …… 12
本章小结 …… 12
习题 …… 12

3　钢铁冶金粉尘的循环利用 …… 13

3.1　钢铁冶金粉尘分类及特性 …… 13
3.1.1　钢铁冶金粉尘来源及分类 …… 13
3.1.2　钢铁冶金粉尘的物性 …… 14

3.1.3 钢铁冶金含锌粉尘 …… 15
3.2 钢铁冶金粉尘利用方法 …… 16
3.2.1 作烧结原料 …… 16
3.2.2 作冷固结球团 …… 17
3.2.3 加黏结剂压团法 …… 18
3.2.4 热压团块法 …… 19
3.2.5 氧化球团法 …… 20
3.2.6 氯化球团法 …… 22
3.2.7 金属化球团（直接还原）法 …… 23
3.3 烧结粉尘循环利用 …… 25
3.3.1 烧结粉尘的成分及特性 …… 25
3.3.2 烧结烟气循环利用 …… 25
3.3.3 烧结除尘灰回收碱金属 …… 26
3.3.4 烧结除尘灰发展前景 …… 27
3.4 高炉粉尘循环利用 …… 27
3.4.1 火法富集法 …… 27
3.4.2 浮-重联选法 …… 27
3.5 电炉粉尘循环利用 …… 28
3.5.1 湿法浸出 …… 28
3.5.2 火法冶金 …… 28
3.6 不锈钢粉尘循环利用 …… 29
3.6.1 造块回炉利用 …… 29
3.6.2 电炉粉尘喷吹循环 …… 30
3.7 冶金粉尘其他处理方法 …… 30
本章小结 …… 31
习题 …… 31

4 钢铁冶金炉渣的循环利用 …… 32

4.1 钢铁冶金炉渣的分类 …… 32
4.1.1 按炉渣作用分类 …… 32
4.1.2 按炉渣性质分类 …… 33
4.1.3 按炉渣来源分类 …… 33
4.2 高炉渣的利用 …… 33
4.2.1 高炉渣的冷却方式 …… 33
4.2.2 高炉渣的组成 …… 34
4.2.3 高炉渣的性质 …… 35
4.2.4 高炉渣的利用 …… 36
4.2.5 高炉渣的其他利用方法 …… 38
4.3 含钛高炉渣的利用 …… 40

4.3.1　含钛高炉渣的特点和矿物组成 …… 40
4.3.2　含钛高炉渣提钛法利用 …… 41
4.3.3　含钛高炉渣直接法利用 …… 43
4.4　高钛渣的利用 …… 45
4.4.1　高钛渣的熔炼 …… 46
4.4.2　高钛渣的成分标准 …… 46
4.4.3　高钛渣的利用 …… 47
4.5　富硼渣的利用 …… 47
4.5.1　富硼渣的来源和性质 …… 47
4.5.2　富硼渣硫酸法制取硼酸 …… 48
4.5.3　富硼渣碳碱法制取硼砂 …… 49
4.5.4　富硼渣制备辐射防护材料 …… 50
4.5.5　富硼渣制备微晶玻璃 …… 50
4.6　钢渣的利用 …… 51
4.6.1　钢渣的来源 …… 51
4.6.2　钢渣的性质 …… 52
4.6.3　钢渣的处理工艺 …… 52
4.6.4　钢渣的利用 …… 53
4.7　含铬钢渣的利用 …… 55
4.7.1　还原法 …… 56
4.7.2　湿法提取金属法 …… 56
4.7.3　水泥固化法 …… 57
4.7.4　陶瓷固化法 …… 57
4.7.5　玻璃固化法 …… 57
4.8　铁合金渣的利用 …… 57
4.8.1　铁合金渣的来源 …… 58
4.8.2　铁合金渣利用现状 …… 58
4.8.3　铁合金渣利用新进展 …… 60
4.8.4　铁合金渣利用发展趋势 …… 61
4.9　钒渣的利用 …… 62
4.9.1　钠化焙烧提钒 …… 62
4.9.2　钙化焙烧提钒 …… 63
4.9.3　亚熔盐法提钒 …… 64
4.9.4　锰化焙烧提钒 …… 64
4.9.5　其他提钒方法 …… 65
4.10　提钒尾渣的利用 …… 65
4.10.1　提钒尾渣的产生 …… 65
4.10.2　提钒尾渣的组成 …… 65
4.10.3　提钒尾渣回收有价组分 …… 66

4.10.4　提钒尾渣制备建筑材料 …… 67
4.10.5　提钒尾渣制备功能材料 …… 67
4.10.6　提钒尾渣综合利用 …… 68
4.11　钒铬泥的利用 …… 69
4.11.1　钒铬泥的产生 …… 69
4.11.2　钒铬泥的组成 …… 69
4.11.3　钒铬泥的利用 …… 69
4.12　镍铁渣的利用 …… 70
4.12.1　镍铁渣的产生 …… 70
4.12.2　镍铁渣的组成 …… 70
4.12.3　镍铁渣的利用 …… 71
4.13　稀土渣的利用 …… 72
4.13.1　含稀土高炉渣的利用 …… 72
4.13.2　稀土硅铁冶炼渣的利用 …… 73
4.14　热镀锌渣的利用 …… 74
4.14.1　热镀锌渣的来源 …… 74
4.14.2　热镀锌渣的利用 …… 74
本章小结 …… 75
习题 …… 75

5　废钢和轧钢氧化铁红的循环利用 …… 76

5.1　废钢的循环利用 …… 76
5.1.1　废钢的分类与标准 …… 76
5.1.2　废钢循环利用处理方法 …… 77
5.1.3　废钢应用于转炉炼钢 …… 78
5.1.4　废钢应用于电炉炼钢 …… 78
5.1.5　废钢应用于高炉冶炼 …… 79
5.2　轧钢氧化铁红的循环利用 …… 79
5.2.1　钢铁行业中氧化铁红的产生 …… 80
5.2.2　氧化铁红用作颜料 …… 80
5.2.3　氧化铁红用于制备磁性材料 …… 80
5.2.4　氧化铁红用作光催化剂 …… 80
5.3　铁鳞的循环利用 …… 81
本章小结 …… 81
习题 …… 81

6　钢铁冶金煤气的循环利用 …… 82

6.1　钢铁冶金煤气的分类 …… 82
6.2　高炉煤气的循环利用 …… 82

6.2.1　高炉煤气的产生及物化特性 …… 82
6.2.2　高炉煤气用于发电和蓄热燃烧 …… 84
6.2.3　高炉煤气净化提质 …… 84
6.3　焦炉煤气的循环利用 …… 86
6.3.1　焦炉煤气的产生及物化特性 …… 86
6.3.2　焦炉煤气发电 …… 87
6.3.3　焦炉煤气生产甲醇 …… 87
6.3.4　焦炉煤气生产纯氢 …… 88
6.3.5　焦炉煤气生产直接还原铁 …… 88
6.3.6　焦炉煤气用于烧结喷吹制备烧结矿 …… 88
6.3.7　焦炉煤气用于高炉喷吹炼铁 …… 88
6.4　转炉煤气的循环利用 …… 88
6.4.1　转炉煤气的产生及物化特性 …… 89
6.4.2　转炉煤气除尘 …… 89
6.4.3　转炉煤气的利用 …… 90
本章小结 …… 91
习题 …… 91

7　钢铁冶金废水的循环利用 …… 92

7.1　钢铁冶金工业废水的分类与特性 …… 92
7.1.1　钢铁冶金工业废水的分类 …… 92
7.1.2　钢铁冶金工业废水的特性 …… 93
7.2　钢铁冶金废水处理原则与方法 …… 93
7.2.1　钢铁冶金工业废水处理原则 …… 93
7.2.2　钢铁冶金工业废水处理方法 …… 93
7.3　焦化废水的循环利用 …… 94
7.3.1　焦化废水的来源 …… 94
7.3.2　焦化废水的处理 …… 95
7.3.3　焦化废水的回用 …… 97
7.4　高炉废水的循环利用 …… 98
7.4.1　高炉废水的来源 …… 99
7.4.2　高炉废水的处理 …… 99
7.4.3　高炉煤气洗涤水的处理 …… 99
7.4.4　高炉冲渣废水的处理 …… 100
7.5　炼钢废水的循环利用 …… 101
7.5.1　炼钢废水的来源 …… 101
7.5.2　转炉除尘废水的特性 …… 101
7.5.3　转炉除尘废水的处理 …… 102
7.5.4　真空脱气蒸汽冷凝器排水的处理 …… 103

7.6　连铸废水的循环利用 …… 104
7.6.1　连铸废水的来源 …… 104
7.6.2　连铸废水的处理工艺 …… 105
7.7　轧钢废水的循环利用 …… 106
7.7.1　轧钢废水的分类 …… 106
7.7.2　轧钢废水的特点 …… 106
7.7.3　热轧油环水的处理 …… 107
7.8　混合冶金废水的循环利用 …… 109
7.9　氨氮废水的循环利用 …… 110
7.9.1　空气吹脱法 …… 110
7.9.2　化学沉淀法 …… 110
7.9.3　离子交换法 …… 111
7.9.4　折点氯化法 …… 111
7.10　含铬、钒废水的处理和循环利用 …… 111
7.10.1　化学沉淀法 …… 112
7.10.2　电化学法 …… 112
7.10.3　吸附法 …… 112
7.10.4　光催化法 …… 112
7.10.5　生物法 …… 113
7.10.6　主流钒工业废水的循环利用 …… 113
本章小结 …… 113
习题 …… 113

参考文献 …… 114

1 钢铁冶金资源循环利用概述

本章内容导读：

（1）了解现代钢铁冶金工业的现状与现代钢铁冶金过程。

（2）掌握钢铁冶金资源循环利用的目的、意义及内容。

钢铁工业是原料工业，也是基础工业，被称为现代社会的“骨骼”。钢铁是用量最大的基础性、结构性、功能性材料，也是可循环再利用的环保材料，在经济建设中地位重要。

钢铁冶金涉及炼铁、炼钢、轧钢等多个工序环节，各个工序环节产生不同的固废、废气、废水等，被称作钢铁冶金二次资源。钢铁冶金二次资源可作为冶金工业或其他工业/流程的原料等，进而实现钢铁冶金资源的循环利用与价值化。

钢铁冶金资源循环利用作为一个新兴领域，以钢铁冶金学、资源循环科学、生态学、地学以及环境科学、化学、工程技术、经济学和管理学等诸多学科理论为基础，基于冶金物理化学与钢铁冶金学原理、减量化与多重利用原理、产业循环的资源利用原理和资源循环利用经济学原理以及热力学原理和生态学原理等理论基础，采用单一与综合相结合、定性与定量相结合、宏观与微观相结合、实验室研究与现场应用相结合以及跨学科的方法和手段来研究、解决钢铁冶金资源循环利用的诸多问题。

1.1 中国与世界钢铁工业现状

钢铁工业作为国民经济的重要基础产业，在经济发展中具有重要地位。近年我国钢铁工业不仅在数量上快速增长，而且在品种质量、装备水平、技术经济、节能环保等诸多方面都取得了很大的进步，形成了一大批具有较强竞争力的钢铁企业。

我国是钢铁生产的大国。从 2007 年粗钢产量达到 4.89 亿吨开始，一直稳居世界钢产量排名第一的位置。2020 年我国粗钢产量超过了 10 亿吨，占全球总产量的一半以上。我国钢铁工业不仅为国民经济的快速发展作出了重大贡献，也对世界经济的繁荣和世界钢铁工业的发展起到积极的促进作用。

多年来，正是得益于钢铁工业提供的各类钢铁产品，才确保了国内机械、交通运输、建筑、国防等基础行业的大发展。但这种快速发展的同时也给钢铁工业留下了很多潜在的问题，如技术水平欠先进、组织结构欠合理等。因此，从我国钢铁工业持续健康发展的角度考虑，需要对钢铁工业的现状及未来发展有一个全面的认识及判断。

近几年，我国钢铁工业取得了多项世界第一：产量第一、出口量第一、消费量第一，并一跃成为世界钢铁生产大国。但世界钢铁生产大国并非钢铁生产强国，在获得诸多“世界第一”的背后，也付出了惨重代价。这代价不仅是物质上的、环境上的，也包括精神上的；不仅是短期的，还包括长期的，甚至影响到我国钢铁工业在做大后难以做强。

目前，世界钢铁产能出现新的供大于求的风险。以日本为代表的产钢国家加快钢铁产业结构调整，改进钢铁工艺装备，如日本实施炼铁高炉超大型化。另外，虽然世界钢铁产业尚未出现突破性生产技术，包括新一代炼钢和炼铁技术，但许多国家和钢铁企业仍在继续开发各种满足环境、用户需求的生产技术，其中的重点主要放在节能减排、降低成本以及提高竞争力方面。如日本采取了软焦煤大配比炼焦、高炉喷煤、加强废热回收等节能减排措施，同时高炉大型化，提高生产效率。

1.2　现代钢铁冶金过程

现代钢铁冶金过程包括从原燃料与辅助材料处理、造块（烧结、球团）、高炉炼铁、转炉炼钢、连铸连轧到成品钢材的制备等流程。其流程如图 1-1 和图 1-2 所示。

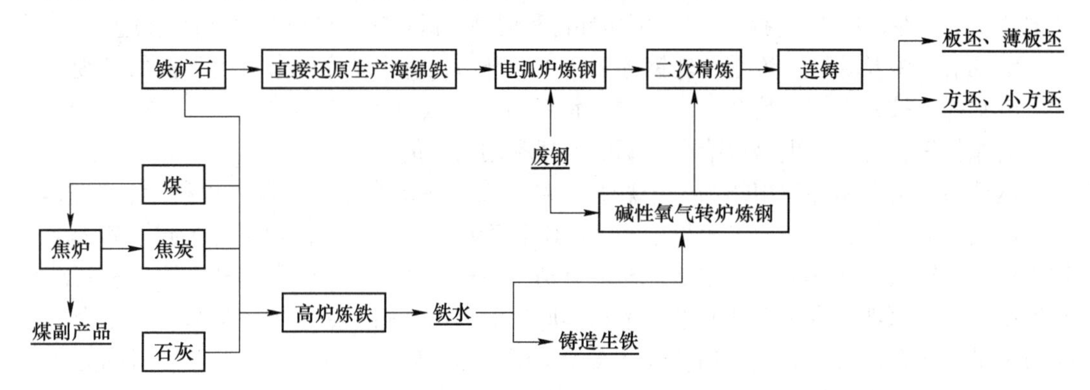

图 1-1　钢铁冶炼过程

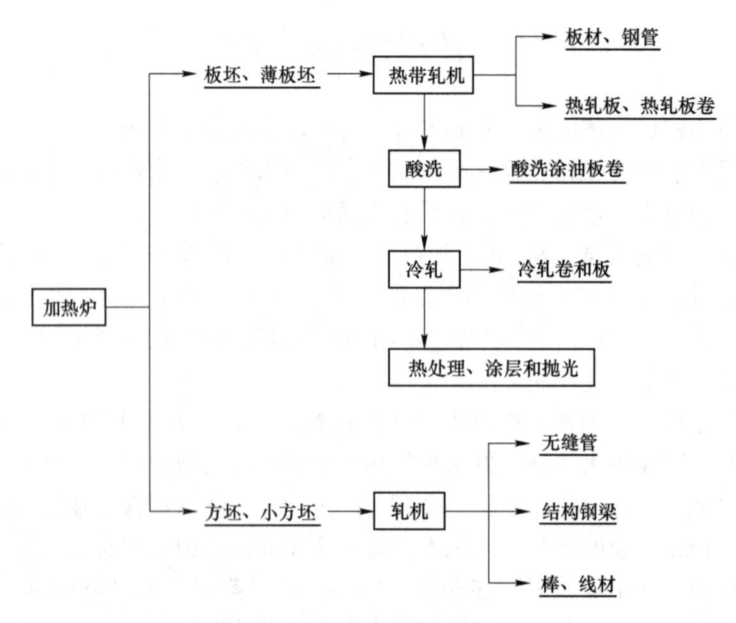

图 1-2　钢材轧制过程

1.2.1 焦化

焦化一般是指有机物碳化变焦的过程，工艺流程图如图 1-3 所示。

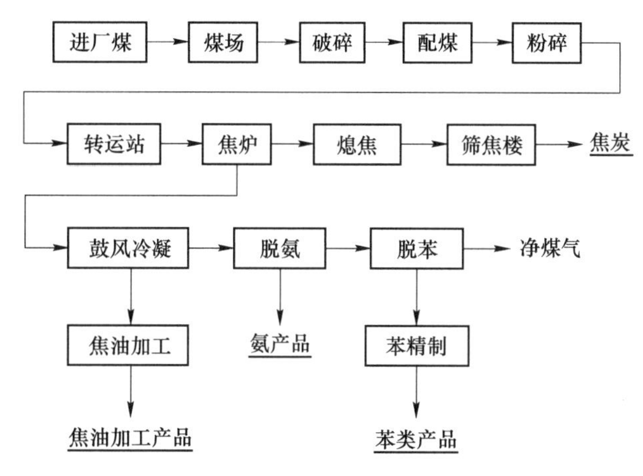

图 1-3 焦化工艺过程

在石油加工中，焦化是渣油焦碳化的简称，是指重质油（如重油、减压渣油、裂化渣油甚至土沥青等）在 500℃左右的高温条件下进行深度的裂解和缩合反应，产生气体、汽油、柴油、蜡油和石油焦的过程。焦化主要包括延迟焦化、釜式焦化、平炉焦化、流化焦化和灵活焦化等五种工艺过程。

炼焦化学工业是煤炭化学工业的一个重要部分，煤炭主要加工方法包括高温炼焦（950~1050℃）、中温炼焦、低温炼焦等三种方法。

烟煤在隔绝空气的条件下，加热到 950~1050℃，经过干燥、热解、熔融、黏结、固化、收缩等阶段最终制成焦炭，这一过程叫高温炼焦。

冶金焦是高炉焦、铸造焦、铁合金焦和有色金属用焦的统称。因 90%多冶金焦用于高炉炼铁，故往往把高炉焦称冶金焦。

铸造焦是专用于化铁炉熔铁的焦炭。铸造焦是化铁炉熔铁的主要燃料。其作用是熔化炉料并使铁水过热，作为支撑料柱并保持其良好的透气性。因此，铸造焦应具备块度大、反应性低、气孔率小、具有足够的抗冲击破碎强度、灰分和硫分低等特点。

焦化过程产生的二次资源主要为烟气、粉尘（装煤、出焦、熄焦工序）和焦炉煤气等。

1.2.2 烧结

烧结是指把粉状物料转变为致密体的工艺过程。一般来说，粉体经过成型后，通过烧结得到的致密体是一种多晶材料，其显微结构由晶体、玻璃体和气孔组成。烧结过程直接影响显微结构中的晶粒尺寸、气孔尺寸及晶界形状和分布，进而影响材料的性能。烧结工艺流程简图如图 1-4 所示。

高炉炼铁生产前，将各种粉状含铁原料，配入适量的燃料和熔剂，加入适量的水，经混合和造球后在烧结设备上使物料发生一系列物理化学变化，烧结成块，其目的是通过颗

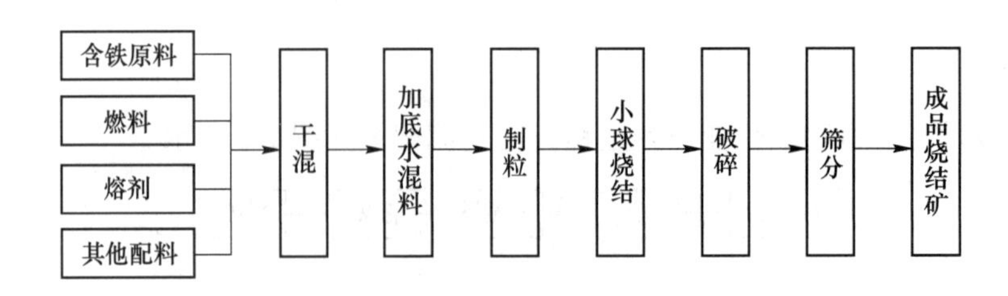

图 1-4 烧结工艺过程

粒间的结合提高其强度。

烧结时的温度称为烧结温度，烧结温度和开始过烧温度之间的温度范围称为烧结温度区间，在烧结过程中若不确定烧结温度和烧结温度范围继续升温，则坯体开始变形、软化、过烧膨胀，造成烧结事故。

目前生产上广泛用带式抽风烧结机生产烧结矿。

粉尘是烧结过程（破碎及筛分、干燥、烧结工序）中产生的主要二次资源，烧结粉尘中主要含铁氧化物和脉石成分等。

1.2.3 球团

造球是指将物料与液体一同加入圆筒式、圆盘式、振动式或搅拌式造球机内制成球团。以圆筒式造球机和圆盘式造球机最为常用，造球液体以低黏度液体（通常是水）最为常用。造球过程可分为三个阶段：形成母球、母球长大和长大后的母球（又称生球）进一步紧密。这三个阶段主要靠加水润湿和滚动的方法在造球机内实现。

球团矿的生产是将细粒度的精矿粉、熔剂、燃料、造球剂与水混合，在造球设备中制成直径 8~15mm、含水 7%~11%生球，200~400℃干燥，900~1000℃预热，再在 1150~1350℃下进行高温焙烧，得到适合高炉的人造富矿的过程。其工艺过程如图 1-5 所示。

球团焙烧设备主要有：竖炉、链箅机—回转窑、带式球团焙烧机。

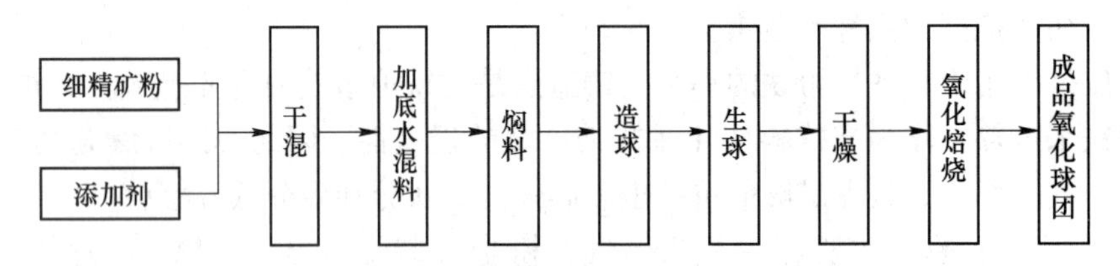

图 1-5 球团工艺过程

1.2.4 炼铁

炼铁是将金属铁从含铁矿物（主要为铁的氧化物）中提炼出来的工艺过程，主要有高炉法、直接还原法、熔融还原法等。从冶金学角度而言，炼铁即是铁生锈、逐步矿化的逆行为。简单地说，炼铁就是从含铁的化合物里把纯铁还原出来。实际生产中，纯粹的铁不存在，得到的是铁碳合金。

炼铁是钢铁生产的重要环节。尽管世界各国研发了很多新的炼铁法，但因高炉炼铁技术经济指标良好、工艺简单、生产量大、生产率高、能耗低，高炉生产的铁仍占世界铁总产量的90%以上。图1-6为高炉简图。

炼铁是在高温下用还原剂将铁矿石还原得到生铁的生产过程。炼铁的主要原料是铁矿石、焦炭、石灰石、空气等。铁矿石有赤铁矿（Fe_2O_3）、磁铁矿（Fe_3O_4）及褐铁矿（$Fe_2O_3 \cdot nH_2O$）等。铁矿石的含铁量叫做品位，在冶炼前要经过选矿，除去其他杂质，提高铁矿石的品位，然后经破碎、磨粉、烧结，才可以送入高炉冶炼。焦炭的作用是提供热量并产生还原剂一氧化碳。石灰石是用于造渣除脉石，使冶炼生成的铁与杂质分开。炼铁的主要设备是高炉。高炉冶炼时，铁矿石、焦炭和石灰石从炉顶进料口由上而下加入，同时将热空气从高炉下部的风口鼓入炉内，还原气体在由下向上流动时与固体原料充分接触反应，分别形成高炉煤气和铁水、炉渣。

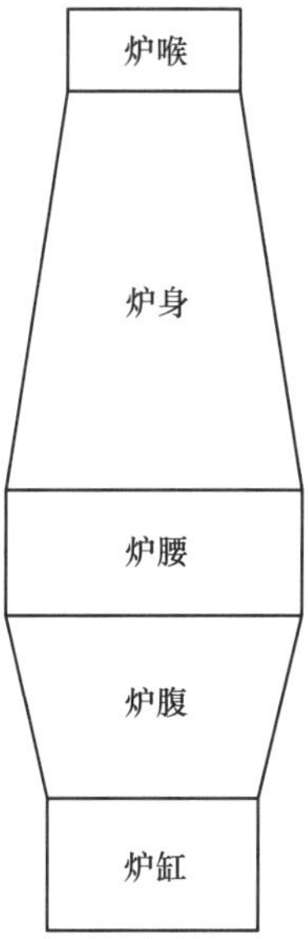

炉喉
炉身
炉腰
炉腹
炉缸

图1-6 高炉简图

其反应式为：

$$Fe_2O_3 + 3CO \Longrightarrow 2Fe + 3CO_2 \quad （高温，还原反应） \tag{1-1}$$

$$Fe_3O_4 + 4CO \Longrightarrow 3Fe + 4CO_2 \quad （高温，还原反应） \tag{1-2}$$

炉渣的形成：

$$CaCO_3 \Longrightarrow CaO + CO_2 \quad （条件：高温） \tag{1-3}$$

$$CaO + SiO_2 \Longrightarrow CaSiO_3 \quad （条件：高温） \tag{1-4}$$

炼铁过程产生的二次资源有高炉煤气、粉尘、废水和高炉渣。

1.2.5 炼钢

炼钢是指控制钢中碳含量（一般小于2%），消除P、S、O、N等有害元素，保留或增加Si、Mn、Ni、Cr等有益元素并调整元素之间的比例，获得最佳钢材性能。

把炼钢用生铁放到炼钢炉内按一定工艺熔炼，即得到钢。钢的产品有钢锭、连铸坯和直接铸成各种钢铸件等。通常所讲的钢，一般是指轧制成各种钢材的钢。

炼钢主要包括转炉炼钢和电炉炼钢。

转炉炼钢：以铁水为原料，在高温条件下，通过吹氧、加入造渣剂使铁水中的过量碳和其他杂质转为气体或炉渣去除，通过氧化反应放热升温。

电炉炼钢：以废钢为原料，依靠电能加热，并通过造渣过程的氧化还原反应去除钢水中杂质元素。

炼钢过程产生的二次资源有废钢、钢渣、精炼渣、粉尘、废水和转炉煤气。

炼钢厂工艺流程为：加料、造渣、出渣、脱磷、电炉底吹、氧化期、精炼期、还原期、炉外精炼、钢液搅拌、钢包喂丝等，如图1-7所示，其中高功率和超功率电弧炉炼钢操作已取消还原期。

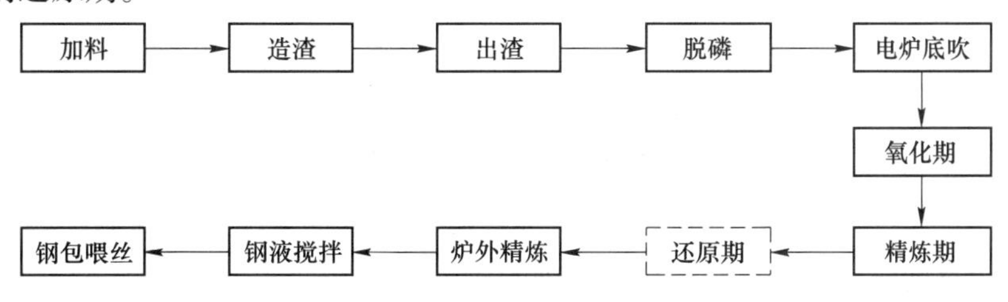

图1-7 炼钢厂工艺流程

1.2.6 连铸连轧和轧钢

连铸连轧全称连续铸造连续轧制，是把液态钢水倒入连铸机中轧制出钢坯（称为连铸坯），然后不经冷却，在均热炉中保温一定时间后直接进入热连轧机组中轧制成型的钢铁轧制工艺。这种工艺巧妙地把铸造和轧制两种工艺结合起来，相比于传统的先铸造出钢坯后经加热炉加热再进行轧制的工艺，具有简化工艺流程、改善劳动条件、增加金属收得率、节约能源、提高连铸坯质量、便于实现机械化和自动化的优点。

连铸连轧工艺现今在轧制板材、带材中得到应用。其工艺过程主要包括：

（1）将加热成熔融状态的液态钢水装入钢包中，由天车（桥式起重机）吊运至连铸机上方；

（2）将钢包中的液态钢水倒入连铸机中进行连铸生产，连铸坯从连铸机下方拉出；

（3）用飞剪对连铸坯进行定尺剪切，剪切成定尺长度的连铸坯送入隧道均热炉中；

（4）连铸坯在隧道均热炉中缓慢前进，以保证连铸坯温度均匀和恒定（注：隧道均热炉的长度通常在100~200m之间）；

（5）连铸坯从隧道均热炉的另一端出来后进入热连轧机组中轧制；

（6）经轧制成型后的钢材进入水冷段进行层流冷却；

（7）经过层流冷却后的钢材进入卷取机中卷取；

（8）卷成卷筒状的钢材由天车运送入成品库中存放。

轧钢除了热轧，还有冷轧。热轧一般是将钢锭或钢坯在均热炉里加热至1150~1250℃后轧制成材；冷轧通常是指不经加热，在常温下轧制。细锭或钢坯通过轧制成为板、管、型、线等钢材。

连铸和轧钢过程产生的二次资源有废钢、废水和氧化铁皮。

1.3 钢铁冶金资源循环利用的意义

经过多年大规模开采，许多矿山资源枯竭；金属在开采、提取和分离过程中，不可避免地对环境造成影响；从矿石到金属制品的生产加工过程需要消耗大量的能源。相对于矿石开采-选矿-冶金这样一条冶金工业传统的路线来说，资源循环利用对钢铁冶金可持续发展具有十分重要的意义。

（1）钢铁冶金资源循环可以弥补资源不足。就在资源越来越少的同时，社会积存的各种金属废品、边角料和含金属的各种矿渣、滤液却越来越多。综合来看，处理这些物料不管是直接经济效益还是社会经济效益，都比矿山开采矿石经选、冶加工要大得多。

（2）钢铁冶金资源循环可以改善环境。钢铁生产需要能量，在消耗能量的同时向大气排放 CO_2、SO_2、NO_x 等有害气体。钢铁冶金资源循环减少钢铁生产的能耗和排放，不仅有保护自然生态的作用，还有减少环境污染的作用。

（3）资源循环可以节能。在能源变得越来越紧张的今天，钢铁冶金资源循环可以大幅度节能，这是一般的工艺和装备进步所无法比拟的。如钢铁厂产生的大量的转炉煤气、焦炉煤气等循环利用就会带来显而易见的节能效果。钢铁冶金资源循环的节能潜力非常明显，未来若能加大钢铁冶金资源循环的力度，钢铁冶金工业的单位产品能耗和总能耗就能大大降低。

1.4　钢铁循环冶金的目的与内容

1.4.1　钢铁循环冶金的目的

钢铁工业一度被认为是高能耗、高水耗、高污染的“三高”行业，通过不断加强钢铁冶金资源的高效、循环利用，钢铁工业得以持续稳定发展，为国民经济建设提供坚实的物质基础。由此可见，发展循环冶金技术对全社会循环经济建设意义重大。尽管如此，有数据统计：中国钢铁工业能耗约占中国工业总能耗的20%以上，钢铁工业废水排放占工业废水排放总量的近10%，钢铁工业粉尘排放量占工业总排放量的20%左右。

以钢铁工业为例，循环冶金的思路和目的有两点：（1）进一步拓展钢铁生产功能，使其不仅具有钢铁生产功能，而且还具有能源转换、社会部分大宗废弃物处理及为相关行业提供原料等功能，即实现物质和能源的大、中、小循环。目的是优化整体物流链，发展产品深加工，延伸产品链，扩展物质循环利用领域；（2）提高资源和能源使用效率，即提高每吨天然资源所能生产的钢铁产品量，以实现资源效率提高、原材燃料消耗降低、环境改善、钢铁产品成本降低、企业市场竞争力提高的良性循环。

1.4.2　钢铁循环冶金的内容

钢铁工业循环冶金的内容包括钢铁工业循环经济工业物质和能源的大、中、小循环。而具体的大循环、中循环、小循环内容分别如下：

小循环是指以铁资源为核心的生产工序间的循环，水在各个工序内部的自循环及各生产工序中副产品在本工业内的循环等。例如，炼铁厂产生的各种除尘灰返回本厂烧结工序。

中循环是指各生产厂间的物质和能量循环，即下游产品的废物作为原料返回上游工序利用；或将一个厂的废物、余能作其他厂的原料和能源。例如，高炉和转炉渣作矿渣厂的生产原料，矿渣厂的废物——渣粉作水泥厂生产水泥的原料，发电厂的粉煤灰作建材产品的原料。

大循环是指企业与社会间物质和能量循环，包括向社会提供民用煤气；冬季将余热输送供居民取暖，以替代燃煤锅炉；用钢铁高温冶炼条件成为城市废弃物处理中心；钢铁渣用于建材和城市道路交通建设；用煤焦油深加工芳香烃衍生物作医药、颜料等精细化工产品的原料；用高炉水渣、转炉钢渣、石灰筛下物及粉煤灰等固体废弃物生产水泥熟料；报废的社会钢铁制品经回收后作钢铁原料重新使用等。

以钢铁冶金能源循环为例，其循环流程如图1-8所示。

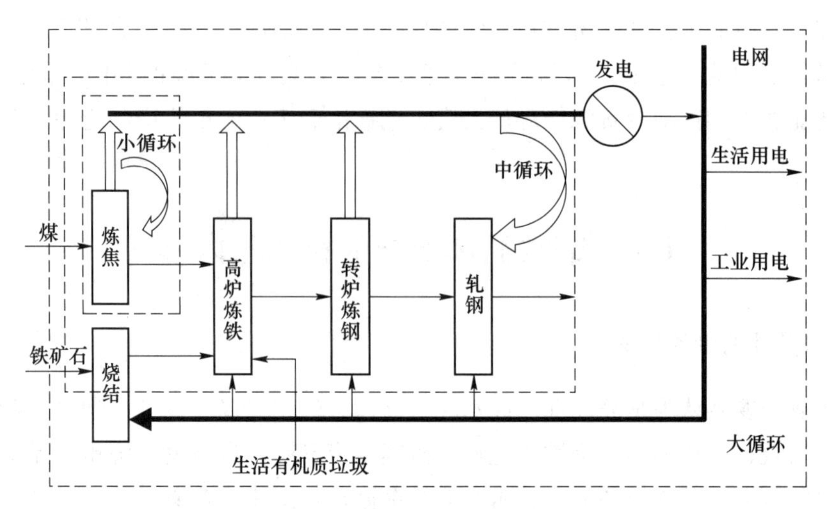

图 1-8　钢铁冶金能源循环举例

本章小结

本章介绍了现代钢铁冶金工业现状，介绍了现代钢铁冶金过程的各个工序环节，并探讨了钢铁冶金资源循环利用的意义和方式以及钢铁循环冶金的目的与内容。

习　题

1-1 现代钢铁冶金过程有哪些，都有哪些钢铁冶金二次资源产生？

1-2 谈谈对钢铁冶金资源循环利用的认识与理解。

2 钢铁冶金资源与环境

本章内容导读：

(1) 掌握钢铁冶金资源的分类及相关概念。

(2) 了解钢铁冶金的环境问题及污染控制。

(3) 掌握不同钢铁冶金资源的循环利用方式。

2.1 钢铁冶金资源的分类及相关概念

资源是指人类生存、发展和享受所需要的一切物质的和非物质的要素，包括自然资源、人力资源、资本资源和信息资源等。自然资源一般是指一切物质资源和自然产生过程，通常是指在一定技术经济环境条件下对人类有益的资源。自然资源中占有重要地位的冶金资源在国民经济的各个部门占有举足轻重的地位。冶金资源大类主要包括钢铁冶金资源、有色金属冶金资源。

钢铁冶金资源按照存在状态可分为钢铁冶金粉尘、钢铁冶金炉渣、废钢、钢铁冶金煤气、钢铁冶金废水等。

(1) 钢铁冶金粉尘。钢铁冶金粉尘是指冶金生产过程中产生的粒径小于75μm、悬浮在空气中的固体微粒。在焦化、烧结、球团等钢铁冶金流程中均会产生各式各样含铁、锌等的粉尘。

(2) 炉渣（熔体）又称熔渣。炉渣是火法冶金过程中生成的浮在金属等液态物质表面的熔体，其组成以氧化物（二氧化硅、氧化铝、氧化钙、氧化镁）为主，还常含有硫化物并夹带少量金属。根据冶金过程的不同，炉渣可分为熔炼渣、精炼渣、合成渣；根据炉渣性质，有碱性渣、酸性渣和中性渣之分。

(3) 废钢。废钢指的是钢铁厂生产过程中不成为产品的钢铁废料（如切边、切头等）以及使用后报废的设备、构件中的钢铁材料，成分为钢的叫废钢，成分为生铁的叫废铁，统称废钢。

(4) 钢铁冶金煤气。钢铁冶金煤气是在炼钢、炼铁、炼焦、发生炉、铁合金生产过程中产生的含有大量CO的可燃性混合气体。煤气的成分一般受制气原料和煤气的生产、回收工艺方法不同的影响，其组成和相应成分所占的百分比也不尽相同，常见的冶金煤气种类有焦炉煤气、发生炉煤气、高炉煤气、转炉煤气、铁合金煤气。

(5) 钢铁冶金工业废水。钢铁冶金工业废水是指冶金工业生产过程排出的废水。其特点是水量大、种类较多、水质较复杂多变。按废水来源和特点分，主要有冷却水、酸洗废水、除尘废水和煤气洗涤水、冲渣水、炼焦废水。

2.2 钢铁冶金的环境问题与污染控制

2.2.1 钢铁冶金的环境问题

进入新世纪以后，我国国民经济水平呈现飞跃式的增长，但在经历经济高速发展之后，正面临资源、能源与环境空前严峻的“瓶颈”制约。当前我国 GDP 总量占世界经济总量的 17%左右，但消费的原煤、铁矿石、钢材却占世界的 30%左右。

钢铁工业作为国民经济重要的基础原材料工业，也属于能源、水资源、矿石资源消耗大的资源密集型产业，在钢铁制造体系中产生大量的物质、大量的能量转换过程、多样的产品以及多种形式的排放过程以及大量的废弃物，对环境势必会造成不同层次和程度上的影响。能源消耗、资源浪费以及环境污染是其中存在的重要问题。

我国的节能环保技术自诞生起，虽然取得了飞速的发展与进步，然而在各个行业的发展仍不尽如人意，尤其在钢铁冶金节能环保技术方面。与发达国家相比，我国的钢铁冶金节能环保技术仍有一定的差距。在水等基础资源等应用上，并没有实现资源应用的最大化，在基础资源的消耗以及循环使用中都存在一定的差距。在有关设备的应用与管理上，不合理的使用造成产率低下、不科学的管理造成有关设备的寿命降低，在管理理念上也有很大的提升空间。最大限度地降低能耗、减少资源浪费、保护环境，是我国走向钢铁强国的必由之路。

我国钢铁行业绿色低碳工艺技术开发还处于起步阶段，二氧化碳、二氧化硫、氮氧化物等减排任务艰巨。另外，铁矿石价格大幅上涨极大地挤压了钢铁行业的盈利空间，严重制约了钢铁行业的健康发展，也制约了企业对节能和环保的投入，限制了企业的高质量发展，企业通过不断提高自主创新能力正在努力解决面对的问题。

现阶段，我国的钢铁工业在经济的发展中稳定提高，巨大的能耗与环境问题也对钢铁冶炼技术提出了新的要求。节能环保技术与钢铁冶金的结合已经迫在眉睫，从而实现节约资源、降低能耗、保护环境的最终目的。目前在应用钢铁冶金节能环保技术的同时，发展方向仍然是在原有的技术上进行科学性的创新，同时借鉴国外先进的发展理念和技术，在提高整体技术人员的环保素质的前提下，完善我国钢铁冶金节能环保技术。

2.2.2 钢铁冶金的污染控制

2.2.2.1 *政策层面*

政策层面，政府更加严格加强对环保的监管，并鼓励企业创新环保技术与运营模式，主要表现在：（1）切实执行钢铁产业政策、《钢铁产业“十四五”发展战略与规划》、碳减排和碳中和政策，鼓励结构调整与兼并重组；推进钢铁工业系列污染物排放标准的制定与实施，如《炼焦化学工业污染物排放标准》《钢铁烧结、球团工业大气污染物排放标准》《钒工业污染物排放标准》等；（2）创新钢铁工业环境保护运营模式，鼓励企业加大科研投入；（3）积极研究探索企业环保投入和效益的良性资金管理系统，提高企业清洁生产和环保投入的自觉性和积极性；（4）设立专项课题，尽快开展钢铁生产中特征污染物的研究，如对二噁英、重金属的研究等；（5）开展城市钢厂环境问题专项研究，从环境、经济综合效益出发，开展城市近郊钢铁企业去留的问题；（6）落实《环境保护税法》，同时加强环保监管。

2.2.2.2 技术层面

钢铁企业要全流程、全方位地考虑环境问题。首先从源头控制方面，包括原燃料的清洁、低消耗、节能技术、低污染装备、工艺等实施来降低污染物排放；其次从末端治理考虑，包括推进成熟技术的应用以及开发新的环保技术和材料等，以实现钢铁冶金资源的循环利用。

2.3 钢铁冶金资源的处理处置方式

我国钢铁冶金资源前景可观，发展潜力巨大，对其综合利用不仅可获得巨大的经济利益，而且还将大大减少环境污染负荷和次生灾害的发生。近年来在国家的大力倡导下，我国在钢铁冶金资源开发利用方面取得了显著技术进步。

2.3.1 钢铁冶金固体废物处理处置方式

钢铁冶金固体废物一般在生产过程中直接产生，有的则是在废气、废水处理过程中形成的次生物质。这些固体废物在堆集存放过程中发生物理、化学变化而污染环境，加之占据土地、损伤地表、污染水质等，给社会带来危害。钢铁冶金固体废物的综合利用，既可通过回收和处理后返回钢铁主流程，又可以此为原料开发新的产品。钢铁冶金固体废物主要有高炉渣、钢渣及各类含铁尘泥等。

我国目前钢铁冶金固废的利用现状是，包括国有大型企业在内的几乎所有钢铁企业，对二次渣尘的利用仍停留在传统的二次转移处理上，在线循环利用仅在个别新建项目中出现。

现有的综合利用特点是，所开发的产品附加值普遍较低，如钢渣除了部分作为冶金熔剂、炼钢粉尘经加工作为化渣剂使用外，冶金渣基本还是用于代替部分砂石使用，多数用作水泥掺合料或建筑材料使用。钢渣虽然作为农用肥料和土壤改良剂进行了一定的研究和开发，但主要还是简单地利用其中的一些有效成分，如 CaO、MgO、SiO_2和 P_2O_5，其肥效低，应用范围较小。另外，冶金渣虽已经被用于水泥生产，但冶金渣的活性远不及硅酸盐水泥的活性，其许多内在关系和机理尚未查清。

当前，我国高炉渣基本可实现完全利用，但相较一些发达国家充分高效利用仍有进一步提升空间。此外，在一些特色高炉渣、含稀土的高炉渣方面，亟需开发获得适宜的应用途径。

2.3.2 钢铁冶金废气处理处置方式

钢铁生产流程中的焦化、高炉、转炉等工序产生不同程度的焦炉煤气、高炉煤气、转炉煤气等，直接排入空气一方面污染环境，另一方面浪费资源。尤其目前国家对环保要求的提高，随着各项环保政策不断完善，对钢铁冶金过程中产生的煤气除了传统的发电、制备甲醇等化工产品等，还需要对其增值化利用，比如高炉喷入焦炉煤气改善冶炼效果、降低 CO_2排放等。

2.3.3 钢铁冶金废水处理处置方式

钢铁生产流程中炼焦、炼铁、炼钢、连铸、轧钢等工序均会不同程度地产生废水，需要对产生的废水严格处理。以鞍钢西部污水处理厂为例，其废水处理过程包括废水预处理、深度处理、除盐等系统，各系统的出水根据水质标准回收利用。废水预处理系统主要采用物化处理技术，处理后水质达到工业净环水标准，部分产水回用到净环水系统。深度处理系统采用两级曝气生物滤池为主的生物处理技术，系统出水水质达到工业新水补充水标准，部分产水回用到工业新水系统。除盐系统采用“超滤+反渗透”的双膜法处理技术，系统产水作为生产单位一级除盐水使用，也可回用到工业新水系统。

本 章 小 结

本章介绍了钢铁冶金资源的分类及相关概念，介绍了钢铁冶金资源的环境问题，探讨了钢铁冶金过程中的污染控制及应对，并讨论了不同钢铁冶金资源的处理处置方式。

习 题

2-1 钢铁冶金资源包括哪些，分别如何定义?

2-2 钢铁冶金过程涉及哪些环境问题，如何进行污染控制?

2-3 钢铁冶金资源的处理处置方式有哪些?

3 钢铁冶金粉尘的循环利用

本章内容导读：

(1) 掌握钢铁冶金粉尘的分类及来源。

(2) 掌握钢铁冶金粉尘的循环利用方法及工艺过程。

钢铁行业的飞速发展对推动社会经济发展有着不可忽视的作用，而在钢铁生产过程中，每个环节都会产生不同程度的粉尘，不仅造成了大量的资源浪费，同时也会对环境带来负面的影响。

钢铁冶金粉尘的产生会受到不同工序的影响，同时，入炉原材料的化学组成以及冶金工艺参数等都与钢铁冶金粉尘有着紧密的联系。

通常钢铁生产主要包括烧结、炼铁、炼钢等不同生产工序，而每个生产工序所产生的冶金粉尘量也有所不同。据统计，烧结工序中所产生的粉尘大概占烧结矿的2%~4%，而炼铁和炼钢工序中所产生的粉尘约占铁水、钢产量的3%~4%，如果不能有效对这些冶金粉尘处理利用的话，就会损耗很多资源，同时也会给环境造成重金属污染的现象，甚至威胁到人们的身体健康。

钢铁冶金粉尘具有较高的回收价值，其中含有的金属元素可以通过粉尘处理的方式对其进行处理，并结合实际情况实施多种回收方式，进而将其价值发挥出来，同时也更有利于避免粉尘对环境的污染。

钢铁冶金粉尘中含有污染性较强的金属元素，如果不能对其进行有效处理，这些金属元素将会影响到环境，造成重金属污染等情况，后果不堪设想。

钢铁冶金粉尘的产生与钢铁冶金工艺以及原材料有着直接的关系，而粉尘的组成物质也与其有着直接的关联，这就造成钢铁冶金粉尘较为杂乱，含有多种金属元素的粉尘混合到一起，直接增加了粉尘的处理难度。

3.1 钢铁冶金粉尘分类及特性

3.1.1 钢铁冶金粉尘来源及分类

钢铁冶金粉尘是一种铁含量较高的固体废弃物，按来源可分为烧结粉尘、高炉粉尘、炼钢粉尘（转炉粉尘、电炉粉尘）及轧钢铁皮等。

烧结粉尘：在烧结工艺中除尘器收集下来的粉尘，产生的主要部位是烧结机头、机尾，成品整粒、冷却筛分等，粒度在5~40μm之间，总铁含量50%左右。

高炉粉尘：炼铁过程中随高炉煤气带出的原料、燃料粉尘和高温区激烈反应产生的低沸点的有色金属蒸气等经除尘器捕集而得到，其捕集方式分为干式和湿式两种。经干式除尘器捕集到的粉尘称为高炉瓦斯灰。经湿式除尘器捕集到的泥浆称为高炉瓦斯泥。高炉粉尘主要由磁铁矿、赤铁矿、焦炭、铁酸钙等矿物组成。

高炉粉尘总含铁量20%~40%左右。重力除尘得到的瓦斯灰粒径较粗，含碳高；而湿式除尘或布袋除尘得到的尘泥粒径较细，不易脱水。部分瓦斯灰中含锌、铅等有色金属较高。

炼钢粉尘：炼钢中，因高温使铁水及一些低熔点金属杂质气化蒸发、钢水沸腾爆裂溅起的大量细微金属液滴进入气相，冷却后成为固体悬浮物，它散装在炉料中夹带粉尘的总和即为炼钢尘泥。炼钢粉尘包括转炉粉尘和电炉粉尘。

转炉粉尘：转炉粉尘指的是在转炉煤气除尘系统中收集的尘泥，转炉湿式除尘收集的粉尘被称为转炉污泥，干式除尘收集的粉尘被称为转炉干法除尘灰。根据除尘的先后顺序，干法除尘灰又分为干法粗灰和干法细灰。转炉除尘污泥，呈胶体状，很难脱水，FeO较高，总铁量50%~60%，80%的粒度小于40μm。

电炉粉尘：在电炉烟气中收集的粉尘被称为电炉粉尘。电炉炼钢粉尘，粒度很细，除含铁，还含锌、铅、铬、钼、镍等，其成分及含量与冶炼钢种有关。总铁量30%左右，粒度小于20μm的占90%以上。

轧钢铁皮：轧钢铁皮指的是在轧制过程中剥落的氧化铁皮。

3.1.2 钢铁冶金粉尘的物性

3.1.2.1 钢铁冶金粉尘的产生量

钢铁冶金过程中各类粉尘的产生量总和一般为钢产量的10%左右。其中：烧结粉尘产生量占烧结矿2%~4%；炼铁粉尘产生量占铁水3%~4%；炼钢粉尘产生量占钢产量3%~4%；轧钢粉尘产生量占轧材0.8%~1.5%。

各种粉尘发生的数量与原料条件、工艺流程、装备水平、管理水平的不同而有所差异。我国钢铁厂粉尘发生量较高，一般吨钢粉尘量在100~130kg左右，一些先进企业的低于100kg，宝钢的更是低至50~60kg。我国钢产量绝对数量大，2020年粗钢产量已经超过10亿吨，尘泥的绝对数量远超亿吨。随着钢铁生产的发展，这部分资源的有效利用，变得越来越重要。

3.1.2.2 钢铁冶金粉尘的成分

钢铁冶金粉尘化学组成因原料状况、工艺流程、设备配置差异等有所不同，表3-1为不同冶金粉尘的产出工序对应的成分。

表3-1 各类典型冶金粉尘的成分 (%)

工序	种类	TFe	CaO	MgO	SiO_2	Al_2O_3	C	ZnO	Na_2O+K_2O
烧结	料仓除尘灰	23~30	28~31	2~5	6~9	1~3	2~5		
	机头除尘灰	28~55	2~9	0~1	3~6	1~3	0.5~2.5	0~1.5	6~30
	机尾除尘灰	45~55	8~17	2~3	4~8	2~3	1~3		0.1~0.5

续表 3-1

工序	种类	TFe	CaO	MgO	SiO_2	Al_2O_3	C	ZnO	Na_2O+K_2O
炼铁	料仓除尘灰	54~56	6~9	2~3	2~4		1~3		
	重力除尘灰	36~53	2~3	0.5~1	5~9	2~4	15~34	0.2~0.5	0.3~1.2
	瓦斯尘灰	22~30	2~5	0.8~1.5	2~12	2~9	19~26	0.5~3	0.5~1.5
	瓦斯尘泥	33~45	2~7	1~2	6~15	2~5	18~23	0.5~3	0.5~1.5
	出铁场除尘灰	48~65	1~9	0.5~2	4~7	1~3	2~3		0.5~1.5
炼钢	料仓除尘灰	0.35	68.66	6.79			1.83		
	转炉干法除尘灰	59~64	12~17	1.5~2	2~4	0.5~1.5	1~2		
	转炉尘泥	54~61	14~18	2~7	1~4	0~3	2~3		
	转炉二次除尘灰	36~51	13~16		2~4	3~5	3~4		
	电炉除尘灰	35~45	13~15	5~7	5~7	1~2		5~17	2~4
轧钢	氧化铁皮	72.2	1.9	1.5	2.1	1.8	1.2		

3.1.2.3 钢铁冶金粉尘的粒度

钢铁冶金粉尘粒度小，小于 50μm 的占绝大多数。高炉瓦斯泥颗粒度细微，小于 0.074mm 的颗粒约占 97%~100%，一般平均粒径只有 20~25μm。转炉和电炉炉尘的粒度在 10μm 以下。

钢铁冶金粉尘的流动性好，易造成二次污染，尤其是小于 5μm 的粉尘能长期悬浮于空气中。

3.1.2.4 钢铁冶金粉尘的物相组成

以烧结电除尘灰为例，烧结电除尘灰的物相主要包括 KCl、NaCl、Fe_2O_3等，有些还含有一些铅、铜等物相。

3.1.3 钢铁冶金含锌粉尘

在钢铁冶炼过程中，粉尘中除富含铁外，常含有较高的锌含量。其中的锌主要来源于镀锌的废钢及含锌较高的铁矿石。国外大力发展电炉炼钢短流程技术，原料以废钢为主，粉尘中含锌较高。国内含锌粉尘主要来源于电炉粉尘和使用含锌、铅较高铁矿石的高炉粉尘。当前国内外钢铁冶炼含锌粉尘的单位产出和组成成分统计结果如表 3-2、表 3-3 所示，某钢铁厂含锌粉尘的堆密度和粒度组成如表 3-4 所示。

表 3-2 国外钢铁冶炼含锌粉尘单位产出及组成 (%)

粉尘种类	产出量/$kg \cdot t^{-1}$	TFe	Zn	Pb	C
电炉粉尘	5~20	10~36	14~40	3~6	0~4
高炉粉尘	14~30	20~50	0.5~25	0.2~1.5	2.5~60
转炉粉尘	7~30	54~80	2.5~8	0.2~1	1~2

表 3-3 国内钢铁冶炼含锌粉尘单位产出及组成 （%）

粉尘种类	产出量/kg·t^{-1}	TFe	Zn	Pb	C
电炉粉尘	4.5~22.5	35~45	5~7	1~4	0~4
高炉粉尘	10~80	10~30	3~17	2~7	3~21
转炉粉尘	8~20	55~68	0~0.5	0~0.3	0~2

表 3-4 某钢铁厂含锌粉尘的堆密度和粒度组成

粉尘种类	堆密度/kg·m^{-3}	粒度组成/%			
		+147mm	−147+74mm	−74+41mm	−41mm
转炉粉尘	776	15.93	17.52	8.49	58.06
高炉粉尘	1176	19.90	15.58	10.12	54.40

国外通常将含锌大于 30%的粉尘划为高锌粉尘，含锌 15%~30%的为中锌粉尘，含锌小于 15%的为低锌粉尘。我国划分标准依企业自身情况而定，一般将含锌大于 1%的粉尘划为中、高锌粉尘，含锌小于 1%的为低锌粉尘。

3.2 钢铁冶金粉尘利用方法

钢铁冶金粉尘具有较高的回收价值，其中含有的金属元素可以通过粉尘处理的方式对其进行处理，并结合实际情况实施多种回收方式，进而将其价值发挥出来，同时也更有利于避免粉尘对环境的污染。

钢铁冶金粉尘种类众多，其成分决定了其用途。通过成分可知：冶金粉尘是一种重要的铁原料，冶金粉尘也是一种碳能源，转炉粉尘可作为铁红原料，轧钢铁皮可作为铁氧体磁性材料原料，电炉粉尘可作为有色金属锌资源，烧结电除尘灰可作为一种钾资源。

众多种类的冶金粉尘成分多变，价值可贵，其利用方法技术也较为复杂，具体可用于作烧结原料、作冷固结球团、加黏结剂压团、作热压团块、作氧化球团、作氯化球团、作金属化球团等，处理方法还有选矿法、等离子法、微波法等。

3.2.1 作烧结原料

烧结法在国内非常普遍，具有投资少、见效快的特点。除直接配入烧结外，还有小球烧结法：将钢铁粉尘混合后造小球，然后再配入烧结生产。小球烧结法可减轻因粉尘粒度过细造成的粒度波动、料层透气性差等不良影响。如宝钢、新日铁公司将瓦斯泥、烧结尘和皂土制成 2~10mm 的小球加入烧结料中。

烧结工序粉尘主要有机头除尘灰、机尾除尘灰、环冷除尘灰、筛分除尘灰和燃破除尘灰等。烧结工序每吨烧结矿粉尘产生量为 20~40kg、排放量约为 1kg，粉尘排放量占钢铁企业总排放量的 40%左右。

将烧结机头除尘灰作为原料直接混入烧结混合料是多数钢厂如武钢、柳钢等采用的方式，具有操作简单、处理成本低等特点。但是由于除尘灰易被再次吸入除尘器，难以稳定连续配加等问题会影响烧结配料过程的稳定性，造成烧结混匀料水分波动；同时除尘灰的润湿性差影响造粒效果，对烧结矿质量稳定造成影响。烧结厂一般采取配入量限制、部分回用、多种除尘灰混合等方式。柳钢开发了气力成分均匀技术，除尘灰气力输送后经涡流匀化器统一集中进行二次匀化后排入配料灰仓中，再通过高精度连续稳流配料器实现精准配用，稳定烧结配料。

将除尘灰预制粒后回用烧结是提高除尘灰利用效果的一种方式，可避免直接回用烧结造成配料不准、制粒性差等负面影响，通常需要加入石灰类的黏结剂，以提高制粒效果。首钢曾将烧结电除尘灰等混合灰配入 JF 添加剂，利用造球盘进行制粒，制粒后的除尘灰球配入混合料后能够提高烧结料层透气性，烧结机利用系数和成品率均有所提高。宝钢采用生石灰作为黏结剂，将烧结电除尘灰等 7 个炼铁过程中产生的除尘灰作为原料，建设 100 万吨/年的粉尘造粒工艺，通过强力混合、润磨和造球工艺后输送到烧结制粒后皮带进行烧结。

回用烧结虽然能解决除尘灰的利用问题，但是仍会造成烧结矿中碱金属富集、箅条糊堵等现象；同时烧结矿中锌含量的升高会危害高炉的寿命和产量，部分烧结厂机头除尘灰中较高的锌含量也是限制其循环利用的重要因素。

3.2.2 作冷固结球团

冷固结球团，即冷压块，是指通过添加适合的黏结剂，采用强力压球机将粉矿压块，经过一定时间养生产生具有足够强度的球团。压块和养生都是在常温下进行的，是应用普遍的造块工艺。图 3-1 为冷压块的工艺流程图。

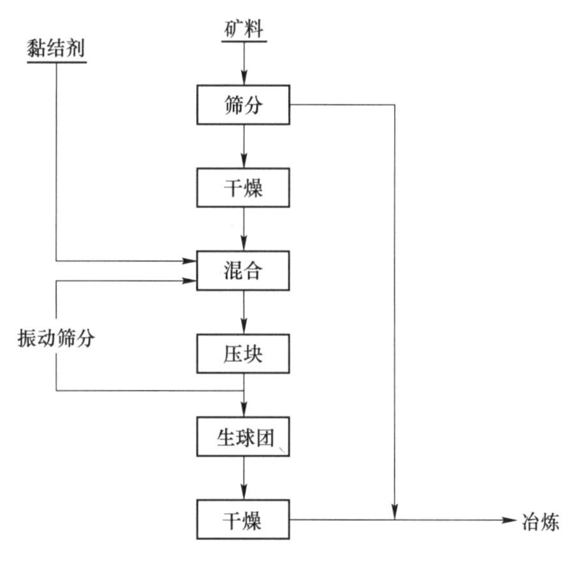

图 3-1 冷压块工艺流程

冷固结球团法是在常温下借助于黏结剂的物理化学变化对矿粉进行固结的球团工艺。常用的冷固结球团的固结方法有水硬性固结法、热液固结法和碳酸化固结法。生球无需经过高温焙烧，固结温度在常温到 250℃ 区间。在固化中矿石颗粒仍然保持原来的特性，未出现结构变化。

与粉矿烧结工艺相比，冷固结球团工艺具有流程短、投资少、运行费用低的优点；其缺点主要是高温强度差、冶炼指标不及高温固结工艺。

影响冷固结球团强度的主要因素有：粉矿粒度分布、黏结剂的种类和数量、成球条件、球团固结方式、养生时间和干燥程度。在这几个因素中粉矿粒度分布影响最大。

冷固结球团的关键是采用了新型的复合黏结剂。这种黏结剂是按一定比例配制的有机物与无机物的混合体。有机物是起黏结作用的主要成分；无机添加剂除起黏结作用外，其主要功能是还原催化作用和改善球团的抗热冲击性能。

黏结剂中的有机成分是一种可溶于水的高分子胶体。其分子是由许多极小的球形微粒连接起来的线状长链结构，各微粒表面带负电荷。溶于水中各长链互相交叉串联，结成网状，向四面八方延伸，组成与葡萄串相似的团聚体，具有很大的比表面积和很强的吸附能力。

3.2.3　加黏结剂压团法

冷压球团是将细磨精矿制成能满足冶炼压球的块状物料的一个加工过程，即在一定压力下，使粉末物料在模型中受压成为具有一定形状、尺寸、密度的轻度的块状物料。成块后一般还需要经过相应的固结，使之成为具有较高强度的团块。其过程为：将准备好的原料（细磨精矿或其他细磨粉状物料，添加剂或黏结剂等），按一定比例经过配料、混匀，由球团设备制成一定尺寸的生球，然后采用干燥和焙烧或其他方法使其发生一系列的物理化学变化而硬化团结。它所得到的产品称为球团矿。在由粉料配以固体还原剂（煤粉和焦粉等）与适当的黏结剂充分混合后，经压球机压制而成的一种含碳的小球或含碳的冷压球团，称为含碳球团。在以煤代焦的技术中，含碳球团备受关注。

在球团矿制备过程中，物料不仅由于粒子密集而发生物理性质（密度、孔隙度、形状、大小和机械强度等）上的变化，而且也发生了化学和物理化学性质（化学成分、还原性、还原膨胀性、低温还原粉化性能、高温还原软化性能、熔滴性性能等）上的变化，从而使物料的冶金性能得到改善。

球团矿是一种高效的造块方法，无论是在高炉、转炉和电炉中球团矿都能使用。球团技术已经广泛应用于有色冶金、煤炭工业、化工、水泥、耐火材料、建筑材料等。近几十年来，世界各国大力采用球团方法处理钢铁厂废弃物料，应用于炼铁或炼钢，采用含铁和含碳物料混合物生产含碳球团。球团矿的主要优点如下：

（1）粉矿粒度最大可用10mm，不需要进行破碎；

（2）能耗低，环境污染小；

（3）适合大规模生产；

（4）球团矿呈球形，粒度均匀，在电炉冶炼中炉料有良好的透气性；

（5）还原性能好；

（6）在多次运转和运输条件下破碎较少。

球团的生产工艺主要是原料的准备、配料、混合和造球（对辊压球机）。金属粉矿的压制生产球团的过程可以看成是连续成型过程。球团的生产过程开始于粉矿被咬入的截面，结束于两轧辊中心连线的轧出断面。粉矿的造球过程主要是靠粉矿与对辊表面之间的摩擦力作用以及粉矿颗粒间的内摩擦和黏结剂作用使粉矿被连续咬入并成型。

对于冷固结球团，其制备通常采用对辊成型机（图3-2），它由一个加料箱和两个对辊型轮组成。在两个对辊型轮中，一个是固定型轮，另一个是加压型轮。成球混合料经加料箱在 A 处加入到球窝内，随着型轮转动，球窝内的物料在 B 处进行预压，到 C 处进行最终压制，压制好的球团在 D 处和 E 处脱模，从球窝中脱出。

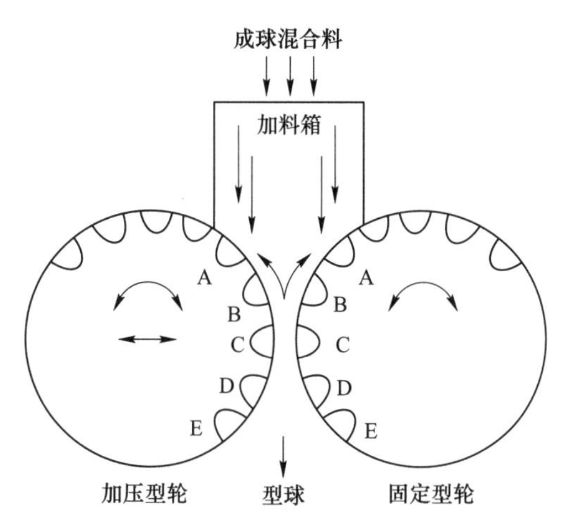

图 3-2 对辊成型机剖面示意图

3.2.4 热压团块法

含碳球团按成型温度可分为冷含碳球团和热（压）含碳球团，在常温下添加黏结剂通过造球机（或压球机）制得的为冷固结含碳球团（冷压团块）；将矿粉和烟煤煤粉混合后加热到一定温度，烟煤加热时产生的胶质体作为黏结剂，在一定压力下压制而成的为热压含碳球团（热压团块）。热压工艺流程如图 3-3 所示。热压试验可以使用带有移动床式煤加热装置和热压块装置的热压机来完成。

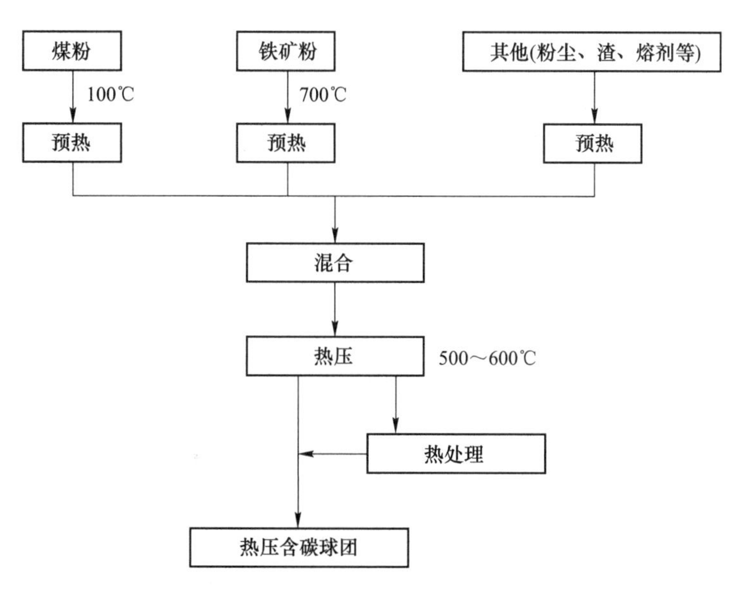

图 3-3 热压含碳球团的生产过程

烟煤加热到300~500℃会发生激烈的解聚反应，生成大量分子量较小的气相组分（主要是CH_4、H_2、不饱和烃气体和焦油蒸气）和分子量较大的黏稠的液相组分。450℃时焦油的析出量最大。这一阶段的气、固、液相混合物为胶质体。

热压含碳球团抗压强度主要受煤、矿颗粒间的黏结力和煤自身的内聚力影响。通过实验分析得出煤、矿颗粒间的黏结力远大于煤自身的内聚力。热压含碳球团在热压过程中应尽量增大煤、矿颗粒的接触面积。

与冷固结球团相比，热压含碳球团机械强度明显改善。冷固结球团依靠增加黏结剂用量提高强度，即使使用复合黏结剂，抗压强度也仅达200~400N/个，且煤、矿颗粒接触面积远低于热压含碳球团。而热压含碳球团内煤在热压过程中会发生软化熔融（350~500℃）的转变过程，热压含碳球团强度加强。含碳球团抗压强度维持大于1000N/个就可满足一般竖炉或中小型高炉生产时储运和冶炼过程的需要。通过实验室对热压含碳球团的研究可知，通过配用适宜的煤种，制定合理的工艺参数，热压含碳球团强度能够满足冶炼的需要。

煤种及工艺参数的选择，要保证热压含碳球团内煤、矿颗粒充分接触，以提高接触面积，使其具有良好的微观结构，增大煤对矿粉的黏结力。所以，要选用黏结性好、流动度大的煤种。

配煤量是热压含碳球团重要的热压参数，它不仅决定冷态强度，还影响其冶炼性能。对于冷态强度，当配煤过多时，煤矿颗粒间接触面积减小，热压含碳球团依靠煤胶质体的内聚力维持强度。同时造成热压含碳球团孔隙度增大，单轴受压时颗粒间产生相对滑动，发生塑性变形，球团内颗粒产生重新排列，球团产生应变，但应力增加幅度不大。当颗粒间孔隙率不再减少，颗粒间相对滑动受阻时，球团内应力则迅速增加。当应力超过煤胶质体的内聚力，在弱结构面上就形成剪切面。

热压温度要接近其最大流动度温度，使煤粉充分发挥其流动性、渗入矿粉颗粒间，从而增大黏结面积。试验证明，当在煤软熔温度至最大流动度温度范围内，随热压温度提高，热压含碳球团强度增大；当超过最大流动度温度时，热压含碳球团强度开始下降，其原因是超过最大流动度温度煤在热压含碳球团内开始固化，很快失去热塑性，使得黏结力下降。另外，温度过高，煤粉二次脱气，热压含碳球团内部产生一定量裂解气，气体溢出使热压压力变弱。煤粉、矿粉要有一定的细度，以降低热压含碳球团孔隙率，并充分发挥煤的热塑性，增大煤、矿颗粒接触面积，提高强度。

3.2.5 氧化球团法

氧化球团法是粉矿造块的重要方法之一。先将粉矿加适量的水分和黏结剂制成黏度均匀、具有足够强度的生球，经干燥、预热后在氧化气氛中焙烧，使生球结团，制成球团矿。这种方法特别适宜于处理精矿细粉。球团矿具有较好的冷态强度、还原性和粒度组成。在钢铁工业中球团矿与烧结矿同样成为重要的高炉炉料，可一起构成较好的炉料结构，也应用于有色金属冶炼。

在300~800℃的温度下，磁铁矿被氧化，生成Fe_2O_3微晶。新生成的Fe_2O_3微晶具有高度的迁移能力，促使微晶长大形成连接桥（又称Fe_2O_3微晶键），将生球中各颗粒互相黏结起来。但这种微晶的长大非常有限，所以此时球团强度不高，只有当生球在强氧化性气氛中，加热到1000~1300℃时，Fe_2O_3的微晶才能够再结晶，长成相互紧密连成一片的赤铁矿晶体，这时球团强度达到最高；加热温度高于1300℃时，由于发生反应$3Fe_2O_3=2Fe_3O_4+1/2O_2$、$Fe_2O_3=2FeO+1/2O_2$，颗粒之间的固结作用减弱，球团矿强度下降。所以，磁铁矿球团在强氧化性气氛及1100~1300℃的焙烧温度下，其颗粒之间形成晶桥，微晶长大，以及发生再结晶，是球团矿固结的基本形式。但在焙烧过程中，精矿中的脉石矿物以及配加的各种添加剂（如皂土、消石灰、白云石等），有的熔化成液态渣相，有的与铁矿物反应形成硅酸盐、铁酸钙等低熔点的矿物，这些渣相均有助于球团矿的固结。焙烧工艺主要以回转窑煅烧为主，在一定高温下有结圈现象，成为球团加工环节中不可避免的问题，用回转窑刮圈机可以解决问题，也有许多团队在寻求其他新工艺。球团加工的能耗比在新技术的改良下进一步降低。

球团制备的工艺流程主要包括原料筛分、配料、混料、焖料、造球等阶段。制备的生球需要经过筛分，选取适合大小的球团进行性能检测以及后续的工艺生产。具体球团制备工艺流程如图3-4所示。

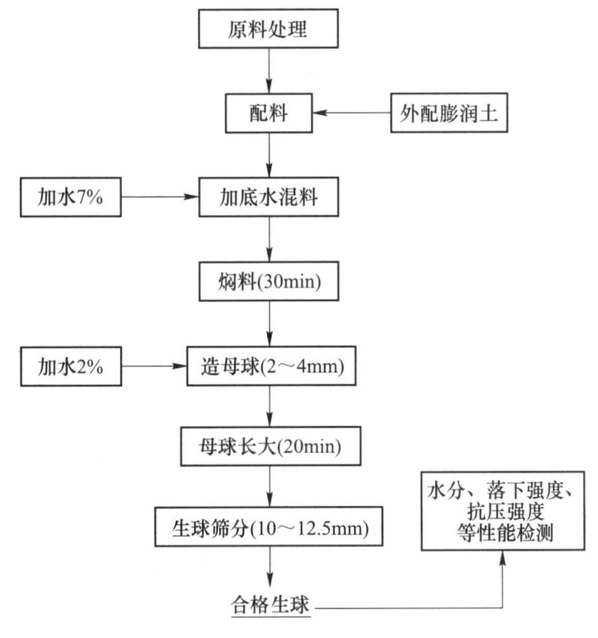

图3-4 球团制备工艺流程

根据球团厂实际生产情况，生球的各种性能并不能满足运输和高炉冶炼的要求，因此需要对制备的生球进行氧化焙烧固结过程。氧化焙烧主要是指通过低于混合物料熔点的温度下进行高温固结，使生球发生收缩而且致密化，使球团具备良好的强度、还原性、还原膨胀指数以及软化特性、熔滴特性等冶金性能，从而保证高炉冶炼的工艺要求。

实验室内球团的氧化焙烧过程模拟钢铁企业实际生产过程中采用的链箅机—回转窑球团焙烧工艺，焙烧过程主要分为干燥预处理阶段、预热氧化阶段、氧化焙烧阶段、冷却降温阶段等四个阶段，其工艺流程如图3-5所示，氧化焙烧制度如表3-5所示。

（1）干燥预处理阶段：因在混料以及造球阶段加入了一定量的水分，而这些水分将导致生球变形，或在后期预热阶段发生裂纹或爆裂。因此，在进行氧化焙烧工艺之前，需先对生球进行干燥预处理。

（2）预热氧化阶段：干燥后的球团在焙烧之前，还需要进行预热，预热氧化阶段的温度范围为300~1000℃。在预热阶段发生各种不同的反应，如磁铁矿转变为赤铁矿、结晶水蒸发、水合物和碳酸盐的分解以及硫化物的煅烧等。因此，预热氧化过程对成品球团的质量和性能都有重要的影响。

（3）氧化焙烧阶段：预热氧化阶段结束后，进行充分的氧化焙烧，以获得所需的强度等冶金性能指标。

（4）冷却降温阶段：氧化焙烧阶段结束后，将马弗炉降温，球团随炉冷却。

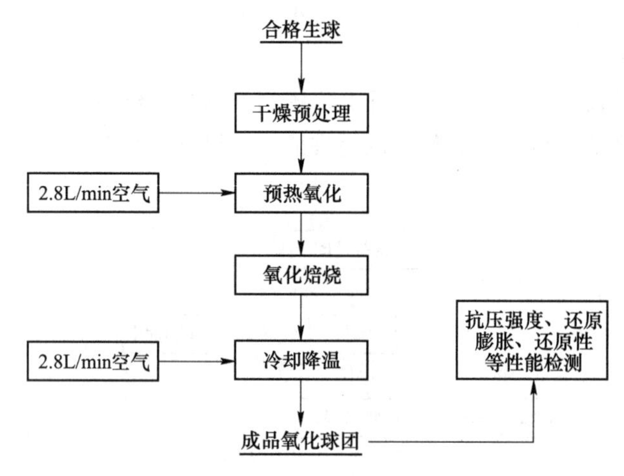

图3-5　球团氧化焙烧工艺流程

表3-5　球团氧化焙烧制度

焙烧工序	焙　烧　制　度
干燥	将生球放在110℃烘箱内干燥180min
预热	将马弗炉以10℃/min升温至900℃。此时将干燥后的球团放入炉内，预热保温20min，同时通入2.8L/min的空气
焙烧	将马弗炉以5℃/min升温至1200℃后，进行氧化焙烧20min，通入2.8L/min的空气
冷却	待马弗炉冷却到900℃时，取出焙烧后的球团自然冷却至室温，即得到成品球团

3.2.6　氯化球团法

氯化焙烧球团法是铁矿石球团法之一。在球团矿配料中加入固体氯化剂，或在焙烧时通入气体氯化剂，使生球中所含的有用元素在焙烧过程中转化为可以挥发的氯化物，而不挥发物则固结为球团矿。这种球团法可以用于作为硫酸渣等的造球，并回收其中的有色金属。

它以氯化钙作为氯化剂和高温焙烧（>1150℃），其主要为：Me代表某有色和稀贵金属，其氯化物具有较高的蒸气压，可从球团矿中挥发出来被炉气带走，铁的氧化物较氯化物更为稳定，而留在球团矿中。为了兼顾氯化挥发率和球团矿的质量，需要注意以下几点：生球粒度、强度和水分要适宜；焙烧温度要兼顾挥发（800~1150℃）和球团矿固结（1100~1200℃）的需要；保持氧化性气氛；氯化剂用量和焙烧时间要适宜等。德国杜伊斯堡工厂则利用气体氯在竖炉中进行氯化焙烧。我国南京钢铁厂 1980 年建成一座年产 30 万吨球团矿的采用链箅机—回转窑焙烧球团法处理烧渣的车间，该工艺应用日本的光和球团氯化法。

氯化焙烧在矿物或盐类中添加氯化剂进行高温处理，使物料中某些组分转变为气态或凝聚态的氧化物，从而同其他组分分离。氯化剂可用氯气或氯化物（如氯化钠、氯化钙等）。例如金红石在流化床中加氯气进行氯化焙烧，生成四氯化钛，经进一步加工可得二氧化钛。若在加氯化剂的同时加入炭粒，使矿物中难选的有价值金属矿物经氯化焙烧后，在炭粒上转变为金属，并附着在炭粒上，随后用选矿方法富集，制成精矿，其品位和回收率均可以提高，称为氯化离析焙烧。

3.2.7 金属化球团（直接还原）法

金属化球团法是特殊球团法之一，该工艺所生产的金属化球团也称为预还原球团，其实质是：在直接还原过程中，球团以固态完全还原成海绵铁。金属化球团技术在国外已得到较大发展，并表现出强大的生命力。近年来，我国金属化球团技术也有较大突破，在消化国外技术的同时，自主研究开发出转底炉法、回转窑法、竖炉法等生产金属化球团新工艺，并均已投入实际工业生产。金属化球团技术顺应了直接还原法生产海绵铁—电炉串联炼钢的短流程生产工艺，是炼铁和炼钢生产中的一项重要技术革新。

金属化还原也是目前国内外钢铁企业比较流行和较为认可的含锌含铁尘泥处理方法，能有效实现含锌球团的脱锌，同时还能够实现对钾、钠和铅的脱除，采用此种方法可以有效解决烧结机头除尘灰利用过程中的碱金属及铅、锌等重金属富集的问题。金属化还原也可用于高炉灰、转炉灰等高锌粉尘的处理。

金属化球团生产工艺很多，目前较成功、已应用于生产的，按还原设备可划分为五种，即转底炉工艺、回转窑工艺、竖炉工艺、竖罐工艺和带式机工艺。其中，竖罐工艺是一种非连续性生产工艺，其余四种则为连续性生产工艺。

3.2.7.1 竖罐工艺

竖罐工艺最早被用来还原富矿块，是一种非连续性生产工艺，生产时一般需多个罐子交替使用，依次轮流进行主还原、次还原、冷却和卸料四个阶段的操作，这种切换频繁、耗时漫长的运行模式使其生产效率和生产规模都受到影响。该工艺在国外有工业化实例，国内截至目前还没有应用，发展潜力不大。

3.2.7.2 带式机工艺

带式机工艺生产金属化球团在国外有所应用。该工艺将固体还原剂与铁矿粉配料后细磨造球，然后在带式机上进行干燥和还原焙烧。若将按比例配好的煤粉、铁精矿和石灰石一起细磨至 83mm 以下后制成含水 15%、粒度为 12~19mm 的小球，则干燥和焙烧总共需要时间不到 12min。也可对氧化焙烧成品球团矿进行还原焙烧，还原剂多为气体。但该工艺由于还原时间短，因此最终产品金属化率很低，仅 18%~50%，通常只能作炼铁原料。

带式机工艺在金属化球团生产方面发展很慢，国内至今还没有工业应用。但是，带式机工艺与转底炉工艺和回转窑工艺一样，可直接使用固体煤作为能源，能有效除去某些杂质，并都具有对原料适应较好的特点。

3.2.7.3 回转窑工艺

回转窑工艺以固体燃料作为还原剂，以回转窑作为反应器，还原剂和球团矿（生球或经过氧化焙烧的球团矿）同时进入回转窑进行还原焙烧，可得到金属化率在90%以上，粒度为5~20mm；用作炼钢原料的金属化球团。目前，回转窑工艺已发展出多种类型，有威尔兹工艺（Waelz）、川崎法、SL/RN法、SDR法，该工艺特点及应用见表3-6。

表3-6 回转窑工艺特点及应用

工艺类型	产　品	脱锌率	应用工厂	处理能力
Waelz威尔兹	55%~60%氧化锌、51%~58%还原铁	90%以上	德国BUS公司	10万吨/年
川崎法	90%还原铁氧化锌烟尘	94.2%~97.3%	日本水岛厂	18万吨/年
SL/RN	90%~95%还原铁氧化锌烟尘	86%以上	日本福山	35万吨/年
SDR	92%~95%还原铁氧化锌烟尘	90%以上	日本住友	15.6万吨/年

回转窑工艺可处理品位范围较宽的含铁原料包括冶金含铁渣尘等二次资源；对入窑球团矿粒度的要求视球团矿的还原性而定，一般5~15mm，易还原的可达20mm，对球团矿化学成分的要求不严格，但采用高铁分、低脉石的球团矿是达到经济合理的前提。

回转窑工艺的优点是可以直接使用固体煤作为能源，能有效去除某些杂质，缺点是生产率低，热效率低，也存在窑体易结圈、设备投资大、操作费用高、能耗大等缺点，因而应用范围不广泛，多适用于天然气资源缺乏地区。

一般来说，煤基直接还原一般和电磁选分流程相结合，后面提到的气基竖炉直接还原一般和电熔炉分流程相结合。

3.2.7.4 竖炉工艺

竖炉工艺是气基法生产金属化球团的最主要、最有效工艺。该工艺将含铁粉尘等制成的生球经过氧化焙烧成为氧化球团成品后再送入还原竖炉进行还原；最终产品金属化率达95%左右，多用作炼钢原料。

竖炉工艺对入炉球团强度的要求较高，所以必须使用经氧化焙烧后的球团矿，相对于生球-回转窑工艺多了一道高温氧化焙烧工序，整体工艺流程相对较长。此外，竖炉工艺还存在单炉能力较小，对原料适应性差，受煤气资源制约等问题。

随着“碳达峰、碳中和”政策的要求，以及煤制气技术的进步等，气基竖炉有望获得一定程度的发展。位于山西的中晋冶金科技有限公司近几年建成了年产30万吨的氢基竖炉用于生产直接还原铁。

3.2.7.5 转底炉工艺

转底炉工艺是一种较新的金属化球团生产工艺，分单层转底炉工艺和多层转底炉工艺两种形式。单层转底炉工艺使用原料粉与煤粉均匀混合而成的单一球团，而多层转底炉工艺为降低能耗、提高设备利用率和产品质量，使用2层或3层原料粉与煤粉不相混的不同球团，炉子的各层由加强筋连接，随最底层炉底一起转动，并在转底炉上方进料口处增设料柱。

转底炉工艺由原料系统、造球系统、炉体系统、冷却系统、除尘系统组成。将含锌粉尘、煤粉、黏结剂混匀后造球，烘干后平铺在转底炉环形台车上，球团在1300℃以上的高温下还原得到金属化球团；还原挥发的锌在低温区被氧化，随烟气进入除尘器中，得到含锌 40%~70%的烟尘。

转底炉工艺是近 30 年兴起的直接还原技术，能有效处理各类钢铁粉尘，又能为优质钢的冶炼提供高质量的海绵铁原料，现已日趋成熟并显现出一定的工业潜力。常见工艺有日本神户的 Inmetco、加拿大的 Fastmet 和美国的 DryIron 等。2009 年国内首家转底炉工艺在马钢投产后，莱钢、日照钢铁、韶钢等的转底炉相继投产，其工艺特点及应用见表 3-7。

表 3-7　转底炉工艺特点及应用情况

工艺类型	产品	脱锌率	处理能力	应用工厂
Fastmet	金属化率 90% 锌灰（含锌 44.70%）	90%	19 万吨/年	新日铁广畑厂
			18 万吨/年	新日铁君津厂
Inmetco	金属化率 75%~95% 锌灰（含锌 63.4%）	92%	1.4 万吨/年	神户加古川厂
			19 万吨/年	JFE 西日本厂
DryIron	金属化率 70%~80%	—	2.8 万吨/年	新日铁光厂

3.3　烧结粉尘循环利用

3.3.1　烧结粉尘的成分及特性

烧结厂固体废弃物主要是粉尘，烧结生产过程中由于燃料的破碎、烧结机的抽风、成品矿筛分的各种除尘设施所产生的大量粉尘，它产生的主要部位是烧结机机头、机尾，成品整粒、冷却筛分等工序，细度在 5~40μm 之间，机尾粉尘的比电阻为 5×10^{9}~$1.3\times10^{10}\Omega\cdot cm$，总铁含量为 50%左右。每生产 1t 烧结矿，产生 20~40kg 的粉尘。这种粉尘含有较高的 TFe、CaO、MgO 等有益成分，和烧结矿成分基本一致。

烧结粉尘的特性包括：

(1) 颗粒粒度偏小，不利于混合料制粒。粉尘大部分是 5~40μm 之间的颗粒，加入到烧结混合机以后，很难与铁矿粉大颗粒黏结在一起，达不到矿粉制粒效果。

(2) 粉尘数量较大，除尘点多，难以连续定量控制使用，不利于烧结过程成分、水和燃料的控制。

(3) 尘灰润湿性能差，难以充分湿润和混合。

(4) 化学成分偏差较大，对烧结矿理化指标的稳定不利。

由于烧结厂固体废弃物粒度细、疏水性强，直接加入烧结混合料，难以混合制粒，对烧结过程产生不利影响，既影响烧结产品质量及造成烧料、电耗等指标上升，又造成粉尘在烧结过程中循环，影响环境卫生并危害工人身体健康。随着烧结粉尘设备改进，粉尘的回收量不断加大，如何减少粉尘带来的不利影响，充分利用细料资源是摆在烧结厂面前的重要课题。

3.3.2　烧结烟气循环利用

烧结烟气工艺思路如图 3-6 所示。烧结烟气循环工艺是将取自烧结机头机尾部分风箱的热烟气，通过（重力+多管除尘器）循环风机后与烧结冷却机三段热风混合后，引回烧结台车上的循环密封罩中，再通过烧结主抽风机抽风，把送回的烧结废气再循环到大烟道里。其主要目的在于减少烧结烟气总排放量，减轻脱硫脱硝系统负担，提高产量，降低能耗，提高经济效益，实现节能减排。此外，对于烟气的有效收集利用、循环系统对生产的影响，以及循环烟气的增氧提温需要注意。

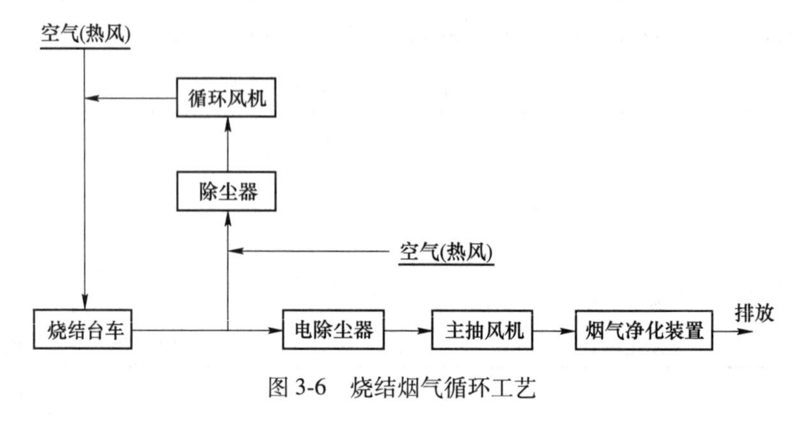

图 3-6 烧结烟气循环工艺

3.3.3 烧结除尘灰回收碱金属

烧结除尘灰作为优质钾资源，其 KCl 含量高达 20%以上，即 1t 粉尘可产 200kg 左右 KCl，还含有较多的 NaCl。因冶金原料限制 K 和 Na 总含量 5kg/t 铁，故烧结除尘灰不适合直接作冶金原料，但烧结除尘灰提取碱金属后，可用作烧结原料。

烧结除尘灰中的钾、钠等金属元素常以氯化物的形式存在，其回收采取的技术方案为原料浸出-浸出液净化-蒸发浓缩结晶-干燥，最终得到工业氯化钾产品。回收技术利用碱金属氯化物易溶于水的特点（20℃下 KCl 的水溶解度为 342g/L；20℃下 NaCl 的水溶解度为 360g/L），用水或配制的浸出剂溶液将烧结灰浸出，然后进行固液分离，即可得到含 K^+、Na^+等多种离子的溶液。通过添加除杂剂和脱色剂对溶液进行净化除杂，然后利用氯化钾、氯化钠在水溶液中的溶解度差异，采用真空蒸发-常温冷却结晶工艺，从氯化钾和氯化钠混合溶液中回收氯化钾。简易工艺流程如图 3-7 所示。

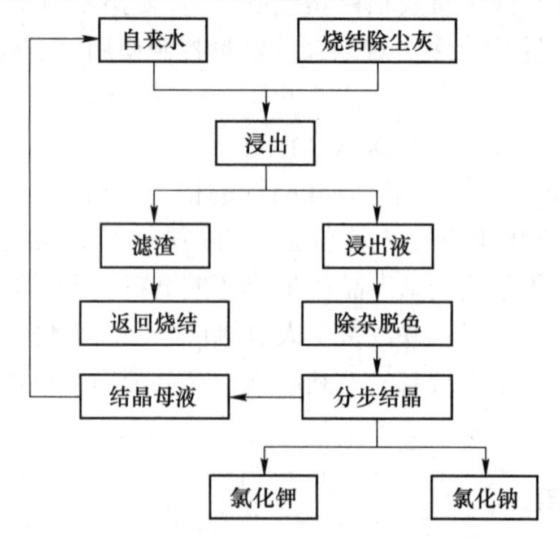

图 3-7 烧结除尘灰提钾技术路线图

3.3.4 烧结除尘灰发展前景

针对烧结机头除尘灰，目前研究开发了多种利用方法，没有一种完全适用于所有钢厂的合理经济的再利用工艺。为此，应从源头控制和末端治理两方面着手解决烧结机头除尘灰的利用问题。

从源头抓起减少烧结机头除尘灰的产生及有害元素的含量，是控制其产生量、降低处理难度和成本的有效手段。烧结配料方面可以通过优化原料结构、减少高有害元素的矿石用量以降低烧结机头除尘灰的有害元素含量；工艺方面推荐采用烟气循环工艺直接降低烧结烟气中的粉尘总量。目前，烟气循环工艺在国内外均得到了一定的应用，通过将部分烟气循环到烧结料面，可直接减少烟气量，从而实现粉尘和污染物的减排。沙钢、宁钢、联峰钢铁等钢厂烧结烟气循环比例在20%~35%，最高烟气循环比例为荷兰艾默伊登钢铁厂的EOS（emission optimized sintering）工艺达到50%，实现二噁英减排量达到70%，颗粒物和NO_x减排量近45%。

末端治理方面，各钢厂所用原料、烧结装备及工艺条件不同，烧结机头除尘灰有害元素含量也有明显差异。所以，应根据自身特点采用合理的方式实现资源化处理，建议总的低成本治理思路为：首先通过烟气循环工艺实现粉尘减量，其次根据各自除尘灰成分特点，通过优化原料结构降低超出回用标准的有害元素含量，采取部分或全部回用烧结的方式。对于有害元素超标无法回用的企业，可采取销售至集中处理企业生产肥料等高附加值产品，在分离有害元素后实现回用；对于无法采用上述方式的烧结厂，则需配建合适的有害元素分离工艺，如氯化钾提取工艺、回转窑工艺、转底炉工艺等，以实现烧结除尘灰资源化合理利用。

3.4 高炉粉尘循环利用

高炉粉尘中主要成分与进入高炉的物料性质有关，主要有铁矿粉、焦粉和煤粉，并含有少量Si、Al、Ca、Mg等元素，也有一些企业高炉粉尘中含有Pb、Zn、As等有害元素。本节主要介绍高炉粉尘的火法富集法及浮-重联选法处理工艺。

3.4.1 火法富集法

火法富集处理是将高炉瓦斯尘挤压成球，与焦炭、钢渣、熔剂按一定比例混合进鼓风炉高温熔炼，各种低沸点有色金属形成金属蒸气随炉气带出，经燃烧冷却后用布袋收集。瓦斯灰中大部分杂物如SiO_2、Fe、CaO、MgO、Al_2O_3等反应生成硅酸盐进入炉渣。而布袋收回的灰称为二次灰，其中有用金属得到了2~3倍的富集，这就为酸浸分离各种元素提供非常优越的条件。二次灰可作为次氧化锌产品外销，也可作为半成品，用酸浸分离回收各种有价值的金属。其工艺流程如图3-8所示。

3.4.2 浮-重联选法

浮-重联选是一种重要的瓦斯泥处理工艺。浮选的目的是选出瓦斯泥中的碳，常用的设备是浮选机，处理过程中需要适当加入部分分散剂（如水玻璃+碳酸钠、2号油、杂醇等）和捕获剂（如煤油、轻柴油）。重选的对象是瓦斯泥中的铁，常用的设备有摇床和螺旋溜槽，都是选矿中常见的设备。处理过程中将二者适当的组合，便可达到富集碳、铁，脱锌的目的。有研究通过对高炉瓦斯灰进行试验研究，推荐采用浮-重联选工艺分别回收其中铁和碳，其工艺流程如图3-9所示。

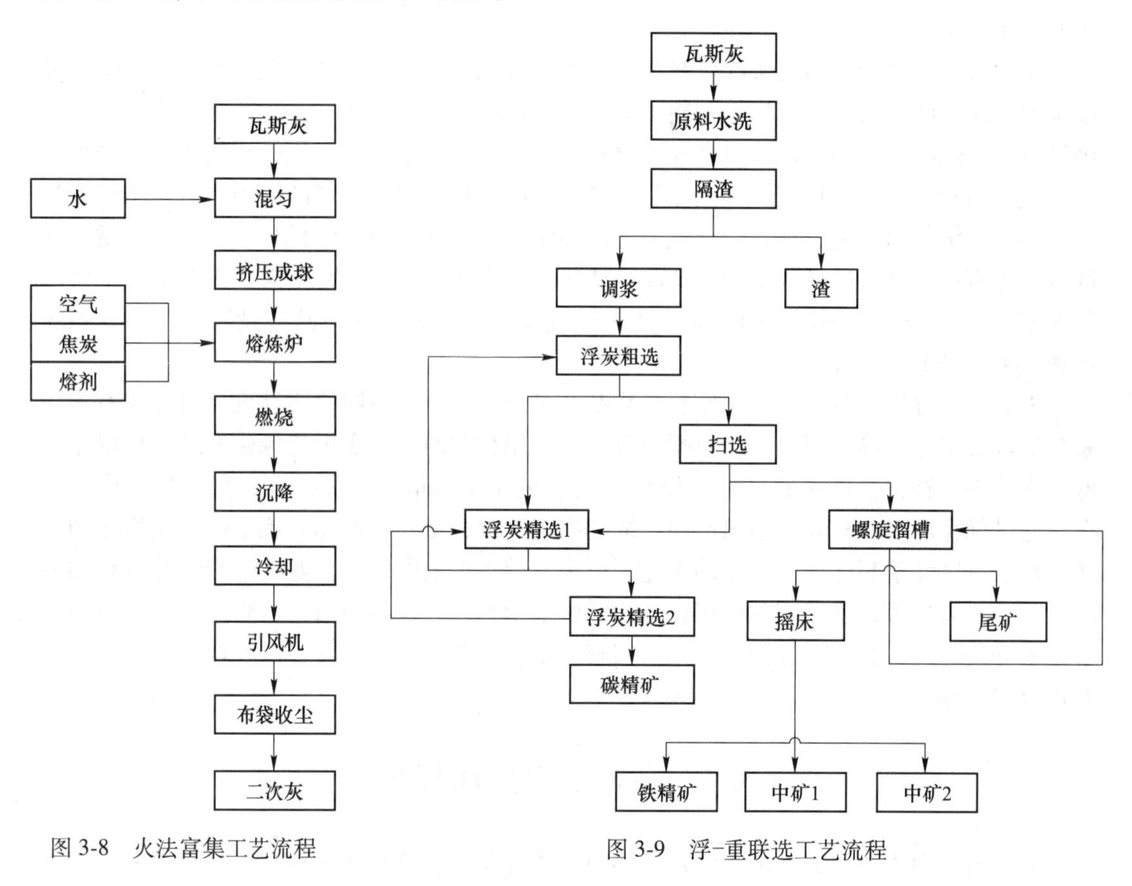

图3-8 火法富集工艺流程

图3-9 浮-重联选工艺流程

3.5 电炉粉尘循环利用

3.5.1 湿法浸出

含锌粉尘中的锌主要以氧化锌形式存在，少量呈铁酸锌形态。氧化锌是一种两性氧化物，不溶于水或乙醇，但可溶于酸、碱或铵液中。湿法浸出技术就是利用氧化锌的这种性质，根据需要采用不同的浸出液，将锌从混合物中分离出来，主要用于处理中、高锌粉尘，如图3-10所示。根据所选择浸出液的不同，湿法浸出技术又可分为酸性浸出和碱性浸出等。

3.5.2 火法冶金

火法冶金技术处理含锌粉尘可分为熔融还原法和直接还原法。熔融还原法主要用于处理锌含量大于30%的高锌粉尘，有瑞典、美国、英国等国家的等离子法，美国的火焰反应

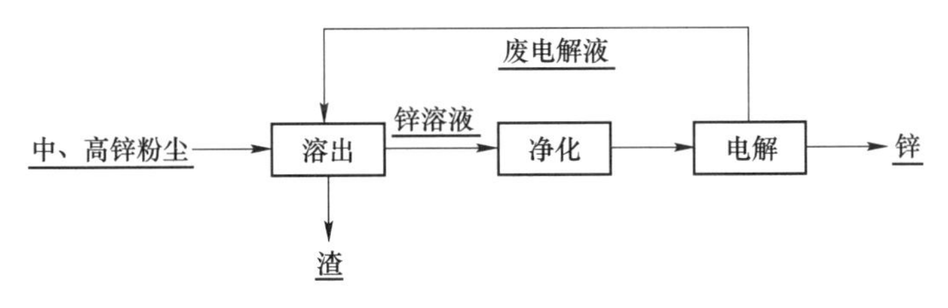

图 3-10　湿法浸出处理钢铁厂中、高锌粉尘工艺流程

炉还原法，日本川崎的 Z-Star 竖炉熔融还原法，俄罗斯和日本新日铁的 Romelt 等。对于中、低锌粉尘，主要采用直接还原法。直接还原法利用锌的沸点较低（907℃）的性质，在高温还原条件下，粉尘中锌的氧化物被还原成锌金属，并气化挥发成锌金属蒸气，随烟气一起排出，实现锌与粉尘的分离。在烟气气相中，锌蒸气又很容易被氧化，再转化成锌的氧化物颗粒，得到回收。直接还原法比较成熟的工艺技术有回转窑法、转底炉法、循环流化床法和冷固球团法。近年宝钢自主开发了转炉红渣法，微波加热法也是当前受到关注的技术。

如回转窑法适合处理含锌粉尘。其工艺过程如下：将粉尘制球与焦炭和煤粒一起加入回转窑内，烧油或煤气加热。粉尘中 ZnO 和 PbO 被还原挥发由布袋除尘器收集，挥发物含 Zn(Zn+ZnO)+Pb 60%~70%，Zn 回收率 95%，挥发物经处理后送到炼锌厂。副产物炉渣主要为 Fe 氧化物和少量 CaO、SiO_2等，可作为烧结原料循环利用。

鉴于含锌粉尘中的铁和锌多以氧化物形式存在，火法高温还原应为最佳选择，将粉尘中的铁和锌全部还原，铁以直接还原铁的形式供给高炉、转炉使用，锌蒸发进入烟气收集系统，获得价值较高的锌灰可提供给炼锌厂。

3.6　不锈钢粉尘循环利用

不锈钢粉尘的利用方法包括造块回炉利用和喷吹循环等。

3.6.1　造块回炉利用

目前利用炼钢粉尘可以加工成炼钢化渣剂，它在冶炼时可起到冷却、化渣、脱磷、脱硫等效果，是目前炼钢粉尘利用的主要方向，国内外许多的普通炼钢厂都进行了这方面的工业应用。不锈钢炼钢粉尘采取此类方法相对较少。

1997 年，Atlas Stainless Steels 工厂曾对一步还原直接回收工艺进行过探索。当时因为炉渣的影响因素无法控制，导致铬的回收率很低，铬还原后又重新回到渣中，而不能回收利用。因此，该公司当时得出的结论是该方法不可行。后经大量试验证明，只要适当控制金属还原剂与球团的量比、炉渣的碱度、球团与炼钢炉装炉量的量比、造渣熔剂与球团的量比等，可使粉尘中镍、铁、铬的回收率分别达到 99%、96%和 82%。由于粉尘的成分与炉料成分相近，通过控制球团的返回量，可以防止由于新工艺的实施而导致炉渣的物相结构和成分发生显著变化，原有的不锈钢冶炼工艺条件几乎不受影响，因而不锈钢质量也不会受到影响，并且该工艺不会造成太多的热量损失。该工艺流程如图 3-11 所示。

该工艺与上述其他直接还原工艺相比，最突出的优点是流程短、投资少，在工厂原有

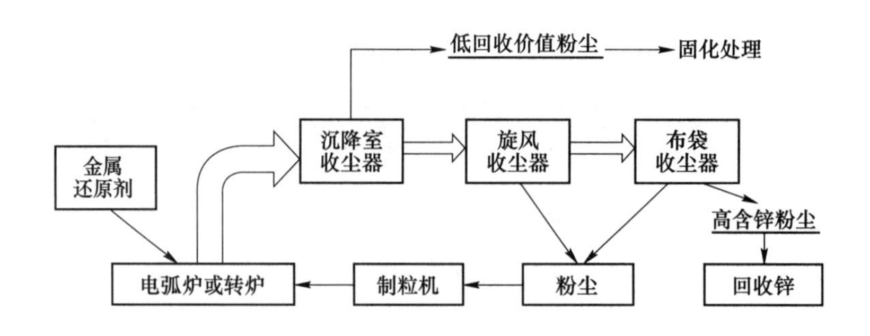

图 3-11 不锈钢冶炼粉尘直接还原回收工艺流程

的基础上几乎不需另添设备，对老厂的改造也较容易实现，同时降低了热量消耗，减少了运行成本，因此具有很大的市场利用前景。该工艺完成了实验室及半工业试验，并最终在加拿大 Sammi Atlas Inc. 公司 Atlas Stainless Steels 工厂实现了工业应用。该工艺的主要缺点是铬的还原率受渣性质的影响大，回收率不稳定，有待进一步完善。

3.6.2 电炉粉尘喷吹循环

将含锌较低的粉尘喷入电炉进行循环富集是一种低成本的粉尘处理方法。德国 VELCO 公司和丹麦 DDS 公司在 110t 电炉炼钢时将电炉粉尘和炭粉喷入电炉内，其中炭粉是作为还原剂。含锌粉尘喷入渣钢之间，锌被碳还原成金属锌，并立即气化。锌蒸气与氧反应形成锌的氧化物，作为粉尘的一部分进入烟气。粉尘的其余部分，除了少量的挥发物外，溶解于渣中。在电炉中粉尘中 97%以上的锌进入二次粉尘富集，粉尘可作为炼锌原料，不足 2%的锌进入渣相，另外不足 1%的锌进入钢水。实践证明，与不喷电炉粉尘的情况相比，钢水的锌含量高（约 0.002%），对所产钢种质量没有负作用。

3.7 冶金粉尘其他处理方法

冶金粉尘处理方法还有等离子法、微波法等。

等离子法是利用通电电流在电极上产生 3000℃的高温将通入的燃料气体分子离解成原子或粒子，气体原子或粒子在燃烧室内燃烧，火焰中心温度高达 20000℃。冶金粉尘和还原剂的混合物在此高温下被迅速还原，并生成金属蒸气，不同的金属沸点不同，在冷凝器中逐渐冷凝并分离。该工艺的突出优点是设备占地面积小、效率高，但噪声较大、电极消耗大并且需要高质量的焦煤。近十几年来，关于该工艺技术革新方面的文献报道较少。

微波是一种高频电磁波，频率为 300～3000MHz。微波加热是以电磁波的形式将电能输送给被加热的物质并在被加热的物质中转变成热能，它不依靠物料颗粒的接触来传递热量，因此可以消除传统加热方式造成的加热不均的现象。微波法是利用冶金粉尘的自还原特性，采用微波加热的方式，实现粉尘中锌的脱除，得到含锌量低的炉料。微波加热在节约能源、提高生产效率和产品质量、改善劳动环境及生产条件等方面具有明显优势。

本章小结

本章介绍了钢铁冶金粉尘的来源及分类，讨论了钢铁冶金粉尘的利用方法，并详细介绍了各钢铁冶金粉尘循环利用的工艺过程。

习　　题

3-1 钢铁冶金粉尘有哪些类别，其来源分别是什么?

3-2 钢铁冶金粉尘的循环利用方法有哪些，各工艺过程是怎么样的?

4 钢铁冶金炉渣的循环利用

本章内容导读：

（1）掌握钢铁冶金炉渣的分类及特性。

（2）掌握钢铁冶金炉渣的循环利用方式、方法。

冶金炉渣又称熔渣。火法冶金过程中生成的浮在金属等液态物质表面的熔体，其组成以氧化物（二氧化硅、氧化铝、氧化钙、氧化镁）为主，还常含有硫化物并夹带少量金属。

炉渣在冶炼过程中起着下列重要的物理及化学作用：

（1）形成熔融炉渣使脉石组分或杂质氧化产物与熔融金属或熔锍顺利分离；

（2）脱除钢液中的有害杂质硫、磷和氧，吸收钢液中非金属夹杂物，并保护钢液不致直接吸收氢、氮、氧；

（3）富集有用金属氧化物；

（4）在电炉冶炼（电弧炉、矿热电炉、电渣重熔炉等）中炉渣还起着电阻发热体的作用。

炉渣在保证冶炼产品质量、金属回收率、冶炼操作顺序以及各项技术经济指标方面都起着决定性的作用。“炼好渣，才有好钢”的说法，生动地反映了炉渣在冶炼过程中的重要作用。炉渣的物理化学性质炉渣完成冶金作用的好坏，主要决定于熔融炉渣的熔点、黏度、界（表）面张力、密度、电导率、热焓、热导率（导热系数）以及某些组分的活度等。这些物理化学性质由炉渣的组成决定。炉渣的组分靠加入适量的熔剂调整，最重要的熔剂是石灰石和石英石。萤石（CaF_2）在电炉炼钢渣及合成渣中也是重要的熔剂。

4.1 钢铁冶金炉渣的分类

钢铁冶金炉渣有几种分类方式，可以按炉渣作用、炉渣性质、炉渣来源等进行分类。许多炉渣有重要用处，例如：高炉渣可作水泥原料；高磷渣可作肥料；含钒、钛渣分别可作为提炼钒、钛的原料；有些炉渣可用来制砖、玻璃等。

4.1.1 按炉渣作用分类

根据熔渣在冶金过程的作用不同，炉渣可分为熔炼渣、精炼渣、富集渣和合成渣。

以矿石（包括人造富矿或精矿等）为原料进行还原冶炼或氧化冶炼，在获得粗金属或锍的同时所形成的炉渣称为冶炼渣。精炼粗金属（用生铁炼钢、从粗铜炼精铜等）产生的炉渣称为精炼渣。这两类炉渣的主要作用都是将原料中的无用或有害物质从金属产品中除去。富集渣主要作用是将原料中含有的某些有用物质富集在其中，以利于后续工序将它们回收利用。如钛精矿还原熔炼所得含钛高炉渣以及吹炼含钒、铌的生铁所得到的钒渣、铌渣等，它们分别用作提取钛、钒及铌等的原料。还有一类所谓“合成渣”，是按炉渣要起的冶金作用而用各种原料预先配制的渣料，如电渣重熔用渣、钢锭浇铸或连续铸钢所用的保护渣以及钢液的渣洗用渣等。

4.1.2　按炉渣性质分类

根据炉渣性质，钢铁冶金炉渣有碱性渣、酸性渣和中性渣之分。碱度是指矿渣中的碱性氧化物与酸性氧化物的质量含量比。

4.1.3　按炉渣来源分类

钢铁生产中的冶金炉渣按来源可分为包括高炉渣、转炉渣、电炉渣和铁合金渣等。

钢铁冶金炉渣目前大部分均得到了利用。但冶金炉渣远未达到全量和高附加值的利用水平。特别是我国共生复合矿炉渣的利用率还很低，而这些炉渣中还含有多种宝贵资源。因此，应重点研究如何经济地从这些炉渣中分离和利用其共生的金属元素，以及通过共生元素的分离全量经济地对炉渣进行综合利用。

4.2　高炉渣的利用

高炉渣是钢铁冶金工业中数量最多的一种渣。2021 年排出量超过 2 亿吨。目前，普通高炉渣得到了较有效的利用，利用的主要途径是生产水泥和筑路材料。

高炉渣是冶炼生铁时从高炉中排出的一种废渣。高炉渣是由铁矿中的脉石、燃料中的灰分和熔剂（一般是石灰石）中的非挥发组分形成的固体废物。在高炉冶炼过程中，从炉顶加入的铁矿石、熔剂和焦炭，在炉内高温区（1300～1500℃）变成铁水和炉渣并实现渣铁分离，高炉渣通过排渣口（或铁口）排出炉体。高炉渣也称高炉矿渣。

高炉渣的产生量与铁精矿品位的高低、焦炭中灰分的多少以及石灰石、白云石的质量有关，也和冶炼工艺有关。随着选矿和炼铁技术的提高，每吨生铁产生的高炉渣量大大下降。

高炉渣产生的工艺流程图如图 4-1 所示。

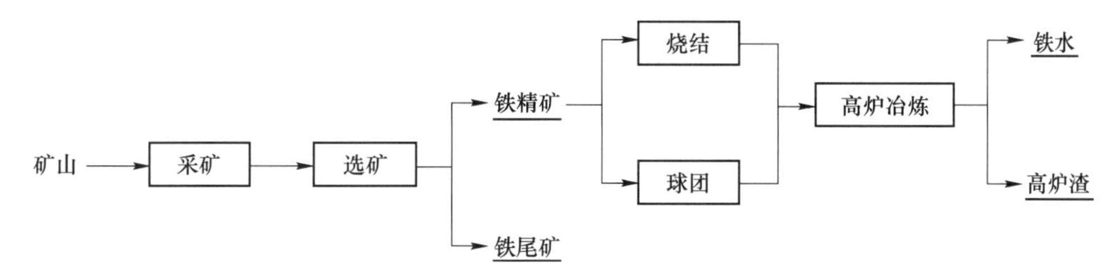

图 4-1　高炉渣产生的工艺流程

4.2.1　高炉渣的冷却方式

常用的熔融高炉渣冷却方法有急冷（也叫水淬）、半急冷和慢冷（也叫热泼）三种，其对应的成品渣分别称为水渣、膨胀渣和重矿渣。

（1）急冷处理，即水淬处理，是将熔融状态的高炉渣置于水中急速冷却的方法。冷却后高炉渣为粒状矿渣。我国80%的高炉渣冲成水渣。目前较普遍采用的水淬方法是渣池水淬和炉前水淬两种。

（2）慢冷处理。高炉熔渣在指定的渣坑或渣场自然冷却或淋水冷却形成重矿渣（也称块渣）的冷却方法。处理后炉渣经挖掘、破碎、磁选和筛分可得到一种碎石材料。

（3）半急冷处理。高炉熔渣在适当水冲击和成珠设备的配合下，被甩到空气中使水蒸发成蒸汽并在内部形成孔隙，再经空气冷却形成一种多孔珠状矿渣的处理方法。处理后的高炉渣称为膨胀矿渣或膨珠。

4.2.2　高炉渣的组成

高炉渣含有15种以上化学成分，但其主要成分是CaO、MgO、Al_2O_3、SiO_2四种，它们约占高炉渣总质量的95%，如表4-1所示。

表4-1　我国高炉渣与天然岩石、硅酸盐水泥化学成分比较　　（%）

名称	CaO	SiO_2	Al_2O_3	MgO	MnO	FeO	TiO_2	V_2O_5	S
普通高炉渣	38~49	26~42	6~17	1~13	0.1~1	0.089		0.1~0.6	0.2~0.15
含钛高炉渣	23~46	20~35	9~15	2~10	<1		9~29	0.1~0.6	<1
锰铁渣	28~47	21~37	11~24	2~8	5~23	0.05~0.31			0.3~3
含氟渣	35~45	22~29	6~8	3~7.8	0.1~0.8	0.07~0.08			含F7~8
硅酸盐水泥	64.2	22	5.5	1.40	1.5	1.34	0.30		
花岗岩	2.15	69.92	14.78	0.97	0.13	1.67	0.39	含P_2O_5 24	
玄武岩	8.91	48.78	15.85	6.05	0.29	0.34	1.39	含P_2O_5 47	

高炉中的SiO_2和Al_2O_3主要来自脉石和焦炭中的灰分，CaO和MgO主要来自助熔剂石灰石等。由于矿石品种以及冶炼生铁的种类不同，高炉渣的化学成分波动较大。但在冶炼炉料固定和冶炼正常时，高炉渣的化学成分变化不大。

高炉矿渣属于硅酸盐质材料，它的化学组成与天然岩石和硅酸盐水泥相似。因此，可代替天然岩石和作为水泥生产原料等使用。

通常，高炉渣化学成分中的主要碱性氧化物之和与酸性氧化物之和的比值，称为高炉渣的碱性率或碱度，用M_0表示，即碱性率$M_0=(CaO+MgO)/(SiO_2+Al_2O_3)$。按其碱性率大小，高炉渣分为：

（1）碱性矿渣，碱性率$M_0>1$的矿渣；

（2）中性矿渣，碱性率$M_0=1$的矿渣；

（3）酸性矿渣，碱性率$M_0<1$的矿渣。

我国高炉渣大部分接近中性矿渣（$M_0=0.99\sim1.08$），高碱性及酸性高炉渣数量较少。按碱性率分类是高炉渣最常用的一种分类方法，它比较直观地反映了高炉渣中碱性氧化物和酸性氧化物含量的关系。

高炉渣中的各种氧化物成分以各种形式的硅酸盐或铝酸钙矿物形式存在。碱性高炉渣中最主要矿物有黄石矿、硅酸二钙、橄榄石、硅酸石和尖晶石。黄长石是由钙铝黄长石（$2CaO \cdot Al_2O_3 \cdot SiO_2$）和钙镁黄长石（$2CaO \cdot MgO \cdot SiO_2$）所组成的复杂固溶体。硅酸二钙（$2CaO \cdot MgO$）的含量仅次于黄长石。其次为假硅灰石（$CaO \cdot SiO_2$）、钙长石（$CaO \cdot Al_2O_3 \cdot 2SiO_2$）、钙镁橄榄石（$CaO \cdot MgO \cdot SiO_2$）、镁蔷薇辉石（$3CaO \cdot 2SiO_2$）以及镁方柱石（$2CaO \cdot MgO \cdot 2SiO_2$）等。

酸性高炉矿渣由于其冷却的速度不同，形成的矿物也不一样。当快速冷却时全部凝结成玻璃体。在缓慢冷却时特别是弱酸性的高炉渣往往出现结晶的矿物相，如黄长石、假硅灰石、辉石和斜长石等。

含钛高炉渣的矿物成分中几乎都含有钛，其主要矿物有钙钛矿（$CaO \cdot TiO_2$）、安诺石（$TiO_2 \cdot Ti_2O_3$）、钛辉石（$7CaO \cdot 7MgO \cdot TiO_2 \cdot 7/2Al_2O_3 \cdot 27/2SiO_2$）、尖晶石（$MgO \cdot Al_2O_3$）。锰铁渣中的主要矿物是锰橄榄石（$2MnO \cdot SiO_2$）。镜铁矿渣中的主要矿物是蔷薇钙（$MnO \cdot SiO_2$）。高铝矿渣中的主要矿物是大量的铝酸一钙（$CaO \cdot Al_2O_3$）、三铝酸五钙（$5CaO \cdot 3Al_2O_3$）、二铝酸钙（$CaO \cdot 2Al_2O_3$）等。

4.2.3　高炉渣的性质

高炉熔渣冷却方式不同，得到的炉渣性能不同。

（1）水渣：高炉熔渣在大量冷却水的作用下急冷形成的海绵状浮石类物质。

在急冷过程中，熔渣中的绝大部分化合物来不及形成稳定化合物，而以玻璃体状态将热能转化成化学能封存其内，从而构成了潜在的化学活性。

不同化学成分、不同矿物结构的水渣，其化学活性具有一定差异。碱性水渣含大量的硅酸二钙因而具有良好的活性。酸性水渣中 Al_2O_3 含量高，其在水淬急冷过程中极利于形成玻璃体，因而酸性水渣也具有良好的活性。MgO 能降低低矿渣的黏度，在急冷过程中易进入玻璃体，对水渣活性有利。而 MnO 对玻璃体形成不利，因而对水渣活性有不利影响。

水渣具有潜在的水硬胶凝性能，在水泥熟料、石灰、石膏等激发剂作用下可显示出水硬胶凝性能。

（2）重矿渣：高温熔渣在空气中自然冷却或淋少量水慢速冷却而形成的致密块渣。

重矿渣的物理性质与天然碎石相近，其块渣容重大多在 $1900kg/m^3$ 以上，其抗压性、稳定性、耐磨性、抗冻性、抗冲击能力（韧性）均符合工程要求，可以代替碎石用于各种建筑工程中。

重矿渣系缓慢冷却形成的结晶相，绝大多数矿物不具备活性，但是重矿渣中的多晶型硅酸二钙、硫化物和石灰，会出现晶型变化，发生化学反应。当其含量较高时，会导致矿渣结构破坏，这种现象称为重矿渣分解。因此，在使用重矿渣时，特别是作为混凝土骨料使用时，必须认真分析检验重矿渣的组成，防止重矿渣分解现象的出现。

重矿渣中当含有 FeS 与 MnS 等硫化物时，便会在水解作用下生成相应氢氧化物，体积相应增大 38% 和 24%，导致块渣开裂和粉化，这种现象称为铁、锰硫化物分解。我国重矿渣含 Fe 与 Mn 的硫化物较少。若重矿渣中夹有石灰颗粒，遇水消解，也能产生体积膨胀，导致重矿渣碎裂，这叫石灰分解。

（3）膨珠：膨珠大多呈球形，粒径与生产工艺和生产设备密切相关。

膨珠表面有釉化玻璃质光泽，珠内有微孔，孔径大的 350～400μm，其堆积密度为

400~1200kg/m³。膨珠呈现由灰白到黑的颜色，颜色越浅，玻璃体含量越高，灰白色膨珠的玻璃体含量达95%。膨珠除孔洞外，其他部分是玻璃体，松散容重大于陶粒、浮石等轻骨料的，粒径大小不一，强度随容重增加而增大，自然级配的膨珠强度均在3.5MPa以上，其微孔互不连通，吸水率低。

由于膨珠系半急冷作用形成，珠内存有气体和化学能，其除了具有水淬渣相同的化学活性外，还具有隔热、保温、质轻、吸水率低、抗压强度和弹性模量高等优点，因而是一种很好的建筑用轻骨料和生产水泥的原料，也可作为防火隔热材料。

4.2.4　高炉渣的利用

高炉渣的综合利用，取决于高炉渣的冷却方式。冷却方式不同，高炉渣的特性不同，利用途径不同。高炉渣的综合利用在我国已有几十年的历史，目前普通高炉渣可基本完全利用。

4.2.4.1　水渣的利用

水渣具有潜在的水硬胶凝性能，在水泥熟料、石灰、石膏等激发剂作用下可显示出水硬胶凝性能，是生产水泥的优质材料，因而广泛地用于生产水泥和混凝土等。

（1）生产水泥。利用粒化高炉渣生产水泥是国内外普遍采用的技术。在前苏联和日本，50%的高炉渣用于水泥生产。我国约有3/4的水泥中掺有粒状高炉渣，利用高炉渣生产的水泥主要有矿渣硅酸盐水泥、普通硅酸盐水泥、石膏矿渣水泥、石灰矿渣水泥和钢渣水泥等五种。

水泥生产的一般工艺流程如图4-2所示。

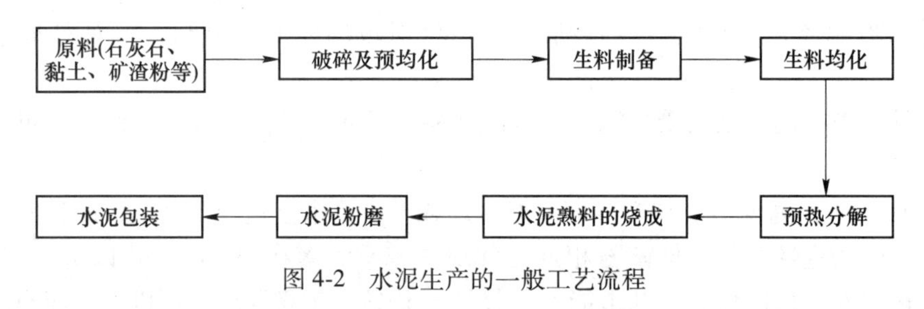

图4-2　水泥生产的一般工艺流程

（2）生产矿渣砖。主要原料是水渣和激发剂，水渣既是矿渣砖的胶结材料，又是骨料，用量占85%以上。一般要求水渣应具有较高的活性和颗粒强度。常用激发剂有碱性激发剂石灰、水泥和硫酸盐激发剂石膏等。

水渣加入一定量的水泥等胶凝材料，经过搅拌、轮碾、成型和蒸气养护而制成矿渣砖。矿渣砖具有良好的物理力学性能，但容重较大，一般为2120~2160kg/m³，适用于上下水或水中建筑，不适用于高于250℃的环境中使用。

（3）湿碾矿渣混凝土。以水渣为主要原料配入激发剂（水泥、石灰、石膏），放在轮碾机中加水碾磨，制成砂浆后与粗骨料拌和而成的一种混凝土。原料配合比不同，得到的湿碾矿渣混凝土的强度不同。

混凝土生产的一般工艺流程如图4-3所示。

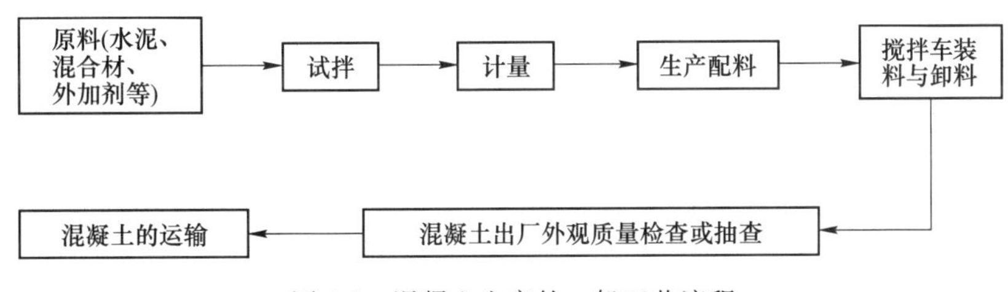

图 4-3　混凝土生产的一般工艺流程

湿碾矿渣混凝土的各种物理力学性能，如抗拉强度、弹性模量、耐疲劳性能和钢筋的豁结力均与普通混凝土相似，但它具有良好的抗水渗透性能，可以制成不透水性能很好的防水混凝土。它也具有很好的耐热性能，可以用于工作温度在600℃以下的热工工程中，能制成强度达50MPa的混凝土。此种混凝土适宜在小型混凝土预制厂生产混凝土构件，但不适宜在施工现场浇筑使用。

4.2.4.2　重矿渣的利用

重矿渣的用途很广，用量也很大，主要用于代替天然石料用于公路、机场、地基工程、铁路道渣、混凝土骨料和沥青路面等。

(1) 配制矿渣碎石混凝土。矿渣碎石配制的混凝土具有与普通混凝土相近的物理力学性能，而且还有良好的保温、隔热、耐热、抗渗和耐久性能。矿渣碎石混凝土的应用范围较为广泛，可以做预制、现浇和泵送混凝土的骨料。

(2) 重矿渣在地基工程中的应用。重矿渣用于处理软弱地基在我国已有几十年的历史。由于矿渣的块体强度一般都超过50MPa，相当或超过一般质量的天然岩石，因此组成矿渣垫层的颗粒强度完全能够满足地基的要求。一些大型设备基础的混凝土，如高炉基础、轧钢机基础、桩基础等，都可用于矿渣碎石做骨料。

(3) 矿渣碎石在道路工程中的应用。矿渣碎石具有缓慢的水硬性，这个特点在修筑公路时可以利用。矿渣碎石含有许多小气孔，对光线的漫反射性能好，摩擦系数大，用它做集料铺成的沥青路面既明亮，制动距离又短。矿渣碎石还比普通碎石具有更高的耐热性能，更适用于喷气式飞机的跑道上。

(4) 矿渣碎石在铁路道渣上的应用。用矿渣碎石作铁路道渣称为矿渣道渣。目前矿渣道渣在我国钢铁企业专用铁路线上已广泛得到应用。鞍山钢铁公司从1953年开始就在专用铁路线上大量使用矿渣道渣，现已广泛应用于木轨枕、预应力钢筋混凝土轨枕和钢轨枕等各种线路，使用过程中没有发现任何弊病。在国家一级铁路干线上的试用也已初见成效。

4.2.4.3　膨珠的利用

膨珠主要用于混凝土砌块和轻质混凝土中，作为混凝土轻骨料，也用作防火隔热材料。用作混凝土轻骨料时，由于颗粒呈圆形，表面封闭，可节省水泥用量。用膨胀矿渣制成的轻质混凝土，不仅可以用于建筑物的围护结构，而且可以用于承重结构。

膨珠可以用于轻质混凝土制品及结构，如用于制成砌块、楼板、预制墙板及其他轻质混凝土制品。由于膨珠内孔隙封闭，吸水少，使混凝土干燥时产生的收缩很小，这是膨胀页岩或天然浮石等轻骨料所不能及的。

直径小于3mm的膨珠与水渣的用途相同，可供水泥厂做矿渣水泥的掺合料用，也可以作为公路路基材料和混凝土细骨料使用。

生产膨胀矿渣和膨珠与生产黏土陶粒、粉煤灰陶粒、烧胀页岩陶粒等相比较，具有工艺简单、不用燃料、成本低廉等优点。

4.2.5 高炉渣的其他利用方法

高炉矿渣可用来生产一些用量不大，但产品价值高，又有特殊性能的高炉渣产品。如矿渣棉及其制品、微晶玻璃、热铸矿渣、矿渣铸石及硅钙渣肥等。

4.2.5.1 生产矿渣棉

矿渣棉是以矿渣为主要原料，经熔化、高速离心或喷吹制成的一种白色棉丝状矿物纤维材料。它具有质轻、保温、隔音、隔热、防震等性能。矿渣棉的化学成分如表 4-2 所示。

表 4-2 矿渣棉的化学成分 (%)

SiO_2	Al_2O_3	CaO	MgO	Fe_2O_3	S
32~43	8~13	32~43	5~10	0.6~1.2	0.1~0.2

生产矿渣棉有喷吹法和离心法两种方法。原料在熔炉熔化后获得熔融物，用喷嘴流出时，用水蒸气或压缩空气喷吹成矿渣棉的方法叫作喷吹法。使熔化的原料落在回转的圆盘上，用高速离心力甩成矿渣棉的方法叫作离心法。

矿渣棉生产的主要原料是高炉渣，约占 80%~90%，还有 10%~20%的白云石、萤石或其他红砖头、卵石等作为调整成分用，焦炭作为燃料使用。

矿渣棉生产的一般工艺流程如图 4-4 所示。

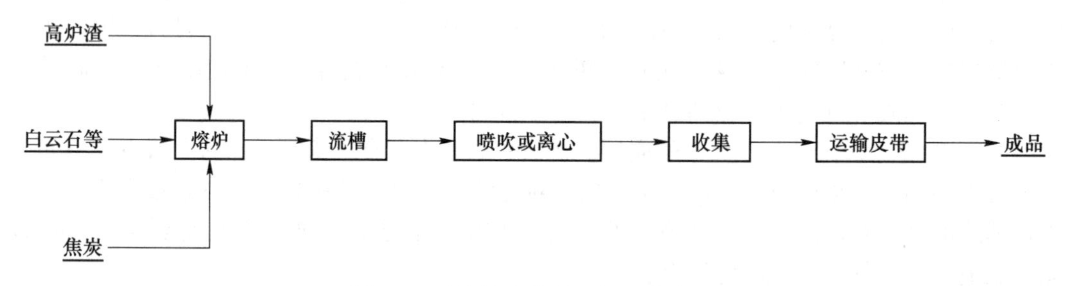

图 4-4 矿渣棉生产的一般工艺流程

4.2.5.2 生产微晶玻璃

微晶玻璃是近几十年发展起来的一种用途很广的新型无机材料。高炉渣微晶玻璃与同类产品对比，具有配方简单、熔化温度低、产品物化性能优良及成本低廉等优点，除用于耐酸、耐碱、耐磨等部位外，经研磨抛光后是优良的建筑装饰材料。采用机械化压延成型工艺，还可生产大而薄的板材。

矿渣微晶玻璃主要为 $CaO-MgO-Al_2O_3-SiO_2$ 系统，成分范围广。表 4-3 所示为矿渣微晶玻璃配料的化学组成。

表 4-3 矿渣微晶玻璃配料的化学组成 (%)

SiO_2	Al_2O_3	CaO	MgO	NaO	晶核剂
40~70	5~15	15~35	2~12	2~12	5~10

矿渣微晶玻璃产品，比高碳钢硬，比铝轻，其机械性能比普通玻璃好，耐磨性不亚于铸石，热稳定性好，电绝缘性能与高频瓷接近。矿渣微晶玻璃用于冶金、化工、煤炭、机械等工业部门的各种容器设备的防腐层和金属表面的耐磨层以及制造溜槽、管材等，使用效果也好。

微晶玻璃生产的一般工艺流程如图 4-5 所示。

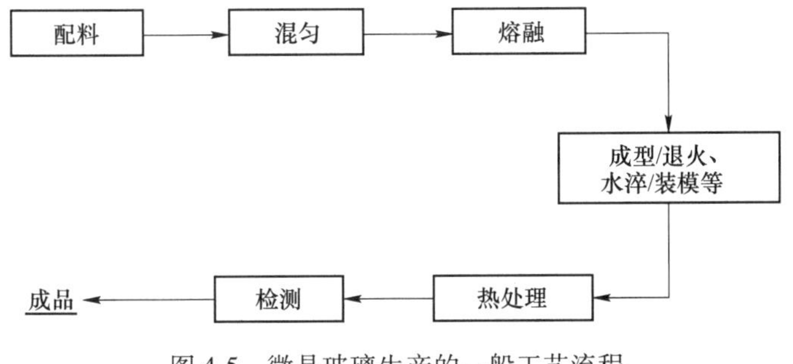

图 4-5　微晶玻璃生产的一般工艺流程

4.2.5.3　生产硅肥

硅肥是一种以含二氧化硅（SiO_2）和氧化钙（CaO）为主的矿物质肥料，它是水稻等作物生长不可缺少的营养元素之一，被国际土壤学界确认为继氮（N）、磷（P）、钾（K）后的第四大元素肥料。

硅肥生产的主要原料是冶金工业产生的水渣和钢渣，只要将水渣磨细到 150~180μm，再加入适量硅元素活化剂，搅拌混合后装袋或搅拌混合造粒后装袋即可得到硅肥产品。主要生产设备包括烘干机、球磨机、搅拌机、缝包机及其他附属设备。生产颗粒状产品还用到造粒机。因此，硅肥的工业生产工艺和设备都比较简单。

4.2.5.4　生产高炉渣微粉

所谓高炉渣微粉是指高炉水渣经烘干、破碎、粉磨、筛分而得到的比表面积在 $3000cm^2/g$ 以上的超细高炉渣粉末。

高炉渣微粉的粉磨工艺简单，一般在水泥厂稍加改造即可配套生产。因水渣比水泥熟料硬度大，要磨到同一细度，其所需的粉碎能大约为水泥熟料的两倍。因此，粉磨设备的选择很关键。目前，适用于矿渣微粉粉磨的常用设备见表 4-4。

表 4-4　各种超细粉磨设备比较

类　型	产品细度/μm	特　点
辊磨机，包括立式轮压机等	1~74	设备较简单，可以进行工业生产
球磨机，包括行星磨机、离心磨机、斜轴磨机等	4~74	粉碎比大、结构简单、可靠性强、易维修、工艺成熟
搅拌磨，包括塔式、管式环形磨及带介质搅拌等	5~74	可以间歇式、循环式和连续式运转
振动磨，包括卧式振动磨等	1~74（一般 20~40）	处理量大、工艺灵活，产品粒度可以控制

高炉渣微粉主要用作水泥或混凝土的混合材。高炉渣微粉在混合材中的作用主要

有：（1）抑制因水化热引起的升温，防止温度裂纹；（2）提高耐海水性能；（3）防止 Cl^- 侵蚀钢筋；（4）提高对硫酸盐和其他化学药品的耐久性；（5）抑制碱骨料反应；（6）长时间确保在较高的外界气温条件下的和易性等。

除上述利用新技术外，熔融状态的矿渣还可浇筑成矿渣铸石，其体积密度为 2000～3000kg/m^3，抗压强度 60～350MPa。另外，高炉渣还能用于生产石膏、白炭黑、聚铁等。

4.3　含钛高炉渣的利用

攀西地区钒钛磁铁矿已探明储量超过 100 亿吨，其中 TiO_2 的存储总量达 13 亿吨。随着矿产资源不断地开发利用，目前该地区已累积堆存 7000 多万吨含钛高炉渣，并且每年还以 360 万吨的速度递增。另外，承德、黑龙江等地也有大量的含钛高炉渣堆积。炉渣大规模堆积如山，不仅对环境造成了污染，而且对钛资源造成了严重地浪费。

TiO_2 含量在含钛高炉渣中很高，导致攀枝花的含钛高炉渣中钛资源已占该地区钛资源总量的一半左右。近半个世纪以来，我国的研究人员对含钛高炉渣的综合利用问题做了大量的研究工作，但目前对于含钛高炉渣的利用主要局限于少量用作建筑材料，或作铺路材料，其余部分含钛高炉渣，要么堆放储存在渣场、要么是随意丢弃，导致严重的土地资源浪费、生态环境污染问题，特别是造成宝贵战略资源钛的流失。相反，如果能够有效地从高炉渣当中提取钛，便可以“变废为宝”，获得一笔相当可观的矿产资源。此外，研究含钛高炉渣的回收利用问题，有利于企业可持续发展的延续，契合政府倡导“资源节约型，环境友好型”的理念。因此，含钛高炉渣的资源化、高效化利用兼具相当重要的经济效益、环保效益和社会效益。

含钛高炉渣综合利用的理想模式应该是工艺流程的多元化，同时产品的多样化。从 20 世纪 70 年代开始，研究学者对含钛高炉渣的综合利用先后开展了大量的研究和实践探索，取得了许多成果，部分已实现产业化。

研究学者对于含钛高炉渣综合利用的研究主要围绕两种路线：一种是提钛法，另一种是直接利用。

4.3.1　含钛高炉渣的特点和矿物组成

普通高炉渣含有四个主要成分 CaO、SiO_2、Al_2O_3、MgO 以及微量的 MnO、FeO、S 等。含钛高炉渣代表性化学成分见表 4-5（攀钢），除了含有 CaO、SiO_2、Al_2O_3、MgO 四种主要成分之外，还有大量的 TiO_2，是宝贵的战略资源和二次资源。

表 4-5　典型含钛高炉渣化学成分　（%）

TiO_2	SiO_2	Al_2O_3	CaO	MgO	Fe_2O_3
22～25	22～26	16～19	22～29	7～9	0.2～0.44

高炉渣中的氧化物以各种硅酸盐矿物的形式存在，其中黄长石、橄榄石、硅酸二钙、硅钙石、硅灰石和尖晶石这几种矿物是碱性高炉渣最常见的；而酸性高炉炉渣根据不同的冷却速率形成不同的矿物，当快速冷却结成玻璃体时，往往出现结晶的矿物相，如黄长石、假硅灰石、斜长石等。而对于钒钛磁铁矿，在冶炼过程中，因铁和钛紧密共生连在一

起，一部分的 TiO_2 进入铁精矿中，冶炼后的炉渣的 TiO_2 在 20%以上，形成的高炉渣的矿物组成见表 4-6，主要有钙钛矿、含钛透辉石、富钛透辉石、尖晶石和碳氮化钛等。

表 4-6 含钛高炉渣矿物组成 (%)

钙钛矿	含钛透辉石	富钛透辉石	尖晶石	重钛酸镁	碳氮化钛
48~50	36~38	4~5	约为 1	3~4	约为 4

4.3.2 含钛高炉渣提钛法利用

提钛法对含钛高炉渣钛资源进行了回收利用，但是由于提钛技术存在较大的难度，往往存在高成本、高污染、高能耗、低效益等问题。提钛法工艺主要局限于两个方面：一是攀西地区高炉渣的钛的分布过于分散，钛元素普遍存在于钙钛矿、含钛透辉石、富钛透辉石、尖晶石和碳氮化钛等多种矿物，且矿石矿物和脉石矿物结合方式错综复杂；二是分布在高炉渣中的含钛矿物晶粒尺寸特别小，平均只有 10~15μm，因此想要通过直接选矿技术分离回收钛十分困难，而且直接提钛的工艺成本高、投资大、收益比较小。因此，近几年在逐步开展“高温碳化、低温氯化”、等离子法等工艺研究。

截至目前，提钛法主要进行了三大方面的研究：一是传统的酸浸过程；二是高温碳化、低温氯化的工艺；三是高炉渣“再冶再选”工艺。

随着时间的推移，攀西地区钒钛磁铁矿高炉—转炉冶炼法提钛已经形成了固定的流程：钒钛磁铁矿的选矿产品主要是钒钛磁铁精矿和钛铁矿精矿（简称铁精矿和钛精矿）；选矿过程将 TiO_2 分为两部分，其中约 54%的 TiO_2 被加工成铁精矿，经高炉冶炼后大于 90%的 TiO_2 进入高炉渣，高炉渣中 TiO_2 含量可达 22%，为下一步从高炉渣中提钛作准备。而钛精矿是通过选铁尾矿经分离选钛后获得，钛精矿中的 TiO_2 经过电炉或矿热炉熔炼进入高钛渣，高钛渣经硫酸法或氯化法处理可制成钛白粉，高钛渣也可用于制备海绵钛的原料。钒钛磁铁矿高炉—转炉冶炼法提钛工艺流程如图 4-6 所示。

4.3.2.1 硫酸法提取钛白

钛白粉生产方法主要有硫酸法和氯化法。硫酸法是一种古老生产钛白粉的方法。用硫酸分解含钛高炉渣，在酸溶液中加入硫酸酸解钛渣，得到硫酸氧钛溶液，经水解、过滤和洗涤，得到偏钛酸沉淀；再进入转窑煅烧产出钛白粉颜料产品。硫酸法提钛流程如图 4-7 所示。硫酸法的特点是非连续生产工艺，工艺流程长且复杂，需要 20 道左右的工艺步骤，产生大量的废水、废酸，绿矾回收利用困难，会造成对环境的污染。

从含钛高炉渣中提钛，钛资源得到了很好的回收和利用。但是残留下来的提钛渣该如何处理，是企业不得不面对的一个难题。

有学者在硫酸法钛白的生产过程中，提出了将提钛后的尾矿、低品位铝矾土、含钛石膏制备高硅贝利特硫铝酸盐水泥的观点，由于其较低的烧结温度，凝结时间与强度介于硅酸盐水泥和快硬硫铝酸盐水泥之间，含钛尾矿和石膏并没有对高硅贝利特硫铝酸盐水泥性能产生明显的负面影响。有学者以攀钢提钛渣和工业氧化铝为原料，制备出了六铝酸钙-镁铝尖晶石多孔材料，通过对烧成温度以及提钛渣加入量的研究，可以得到六铝酸钙-镁铝尖晶石对物相组成、物理性能和显微结构的影响。还有其他学者以提钛渣和一定含量的水泥、石灰、米石及黄砂为原料，制备了强度等级 M15 的免烧砖、强度等级 M10 的蒸养

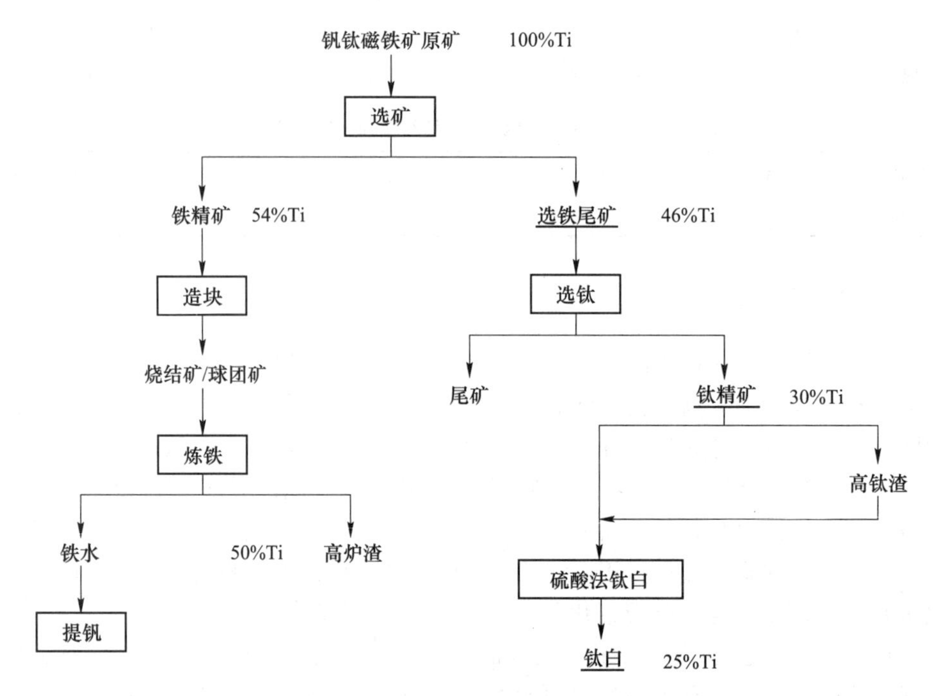

图 4-6 钒钛磁铁矿高炉—转炉冶炼法提钛工艺流程

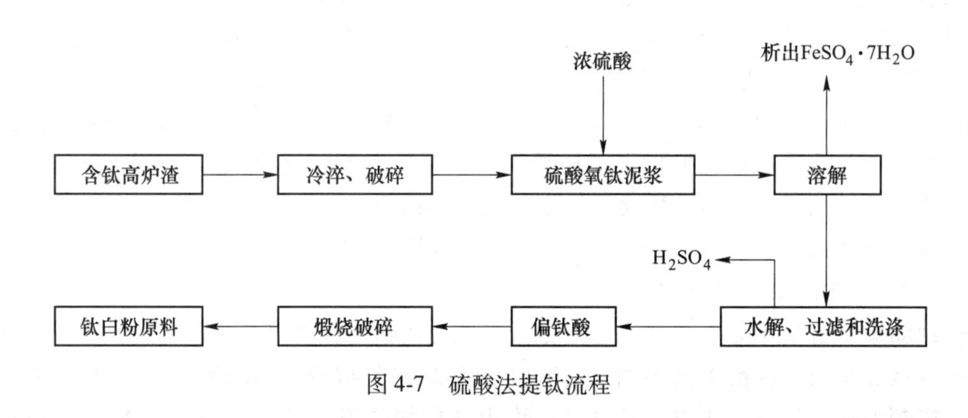

图 4-7 硫酸法提钛流程

砖。另外，利用活性 CaO 可显著地提高提钛渣的硫容量、光学碱度值，并改善其熔化性能，可以研制出良好脱硫性能的超低硫钢精炼脱硫剂，从而为提钛渣新的应用途径打开了一扇门。

有学者通过“磁选-硫酸法”对高炉渣进行处理，得到了含磁性铁 80%产品，铁回收率为 77%，用于炼钢。然后经过高炉渣磁选和硫酸浸出后，超过 85%的钛浸出，小于 3%的 TiO_2 残留在酸液中。东北大学通过对 20%～60%的稀硫酸酸解含钛高炉渣的研究，可以得到 TiO_2 大于 90%的产品。

4.3.2.2 高温碳化-低温氯化法提钛

含钛高炉渣高温碳化-低温氯化法提钛工艺流程如图 4-8 所示。氯化法的工艺技术是以含钛高炉渣为原料进行高温熔融处理，然后选择性碳化，生成 TiC。冷却粉碎之后，通过磁选分离得到较高纯度的 TiC。然后再将其进行低温选择氯化，在经过分离之后得到粗

$TiCl_4$，粗 $TiCl_4$经过过滤除杂后得到精 $TiCl_4$。TiC 精矿也用作耐火材料和磨料，$TiCl_4$是制取海绵钛和氯化法钛白的主要原料，其余的氯化残渣可以用于生产水泥和复合肥料，不存在其中的二次污染。氯化法生产技术与硫酸法生产技术相比，工艺流程短，过程相对简单，工艺控制环节少，连续自动化程度高，可以达到优质产品，控制了废弃物的产生，所以在产品精制的过程较硫酸法更有优势。目前，全球钛白粉大约60%采用氯化法。但是该方法也存在以下的问题：投资大，需要的设备结构相对复杂，要求装置有耐高温、耐腐蚀的特点，同时却难以维修，研发难度大。

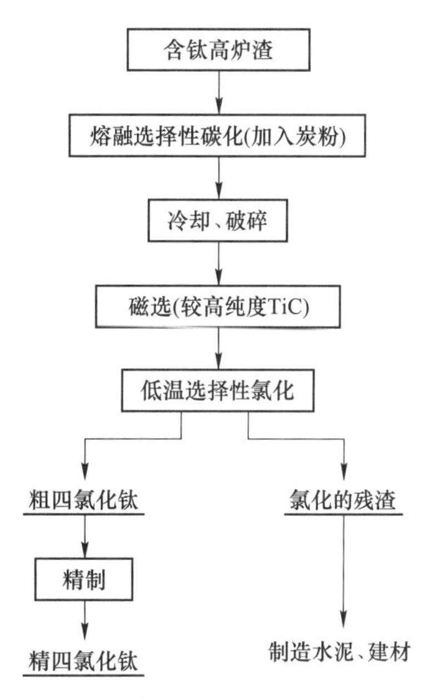

图 4-8　高温碳化-低温氯化法提钛流程

4.3.2.3　含钛高炉渣“再冶再选”工艺

针对含钛物相多且分散、粒度细小的特点，近些年来，东北大学研究创造条件使分散在各种矿物相的钛尽可能富集在一种矿物相，并使之生长和粗化，然后将其分离出来。基于这一思想，以钙钛矿为富钛相，确立了含钛组分富集、生长、分离的技术路线，并取得了重要进展。这里将研究成果概述如下：添加适量的 CaO，使绝大部分的钛富集到钙钛矿中，增加钙钛矿的结晶量，促使钙钛矿规则地析出；将适量的 CaF_2 和 MnO 加入到熔渣中，能使熔渣黏度降低，提高组元的扩散速率，从而增加了钙钛矿的数量和尺寸；控制熔渣的熔化温度来改变钙钛矿的析出形态。采取以上做法，可以有效地使钙钛矿晶粒的平均尺寸增加到 40~50μm，TiO_2 的含量占到熔渣的 40%~45%，并且 85%以上的 TiO_2 都分布在钙钛矿中。最后依照矿石的性质确定分选流程，实现钙钛矿与炉渣的分离。钙钛矿是用作生产钛白粉的原料，尾矿可用作生产水泥和复合肥料。

4.3.2.4　等离子提钛工艺

武汉科技大学等单位开发了等离子提钛工艺，该工艺包括以下步骤：先将含钛高炉渣与还原剂混合均匀后，放到等离子炉内熔炼，获得硅钛铁合金，残渣用于制备水泥或炼钢精炼脱硫剂。最终得到钛含量达到 43%以上的还原合金，其中残渣中 TiO_2 含量小于 2%。这是一条绿色含钛高炉渣高效利用的重要途径，但需要研究关于硅钛合金应用的相关问题。

4.3.3　含钛高炉渣直接法利用

直接利用路线主要是将含钛高炉渣直接应用于混凝土、渣棉和混凝土砌块等材料，但是该方法利用途径单一，产品的附加值也低，更严重的是造成了钛资源白白的流失。这种方法违背了“可持续发展”的生态理念。因此，近些年，逐步开展了含钛高炉渣制备光催化材料、发泡陶瓷、抗菌材料等整体化增值利用方面的研究，相关技术已成功应用于实际生产，产生了良好经济和社会效益。

4.3.3.1　传统的直接利用方法

含钛高炉渣传统的直接利用方法主要包括用于制备混凝土、渣棉、烧结矿渣砖等。

（1）含钛高炉渣制备混凝土。在含钛高炉渣未经提钛之前，其 TiO_2 含量一般较高，一般达到20%以上。由于 TiO_2 与 CaO 生成钙钛矿，钙钛矿作为一种晶体，大大减小了高炉渣制作水泥的水硬性，因此不能直接用作水泥的活性材料，需要通过某些手段进行预处理。

在承德钢铁公司等一些企业中，将 TiO_2 10%的高炉渣作水泥添加剂，由于高炉渣中 TiO_2 含量过高、结晶性能强、活性低，不能大量添加到水泥中，因此没有得到大范围的应用。攀枝花环业公司利用含钛高炉渣、钢渣和粉煤灰，经研磨、均质等工艺生产 S75 标准的高性能混凝土与水泥添加剂，现已广泛使用，产品经久耐用。

有学者将20%~30%的含钛高炉渣微粉掺入到混凝土中，发现其早期强度相比基准混凝土要低，后期强度的增长率特别高，要高于或大致等于基准混凝土强度，结果表明利用含钛高炉渣微粉作混凝土掺合材料是可行的。

（2）含钛高炉渣制备渣棉。攀枝花环业利用含钛高炉渣中可提高熔体的表面张力和黏度，增强纤维的化学稳定性的性质，从而开展了使用含钛高炉渣生产的新型矿棉技术，TiO_2 含量超过15%的高炉渣作为主要原料生产的渣棉，改善了传统渣棉纤维短、脆性、耐潮，耐高温等性能，扩大了渣棉产品的应用范围。

（3）含钛高炉渣制备烧结矿渣砖。含钛高炉渣成分除 TiO_2 含量偏高外，其他成分与黏土的成分基本一致，本质是硅酸盐材料。以含钛高炉渣为主要原料，以煤矸石或煤渣为内燃剂，通过控制原料配比和工艺流程，可生产出40%含钛高炉渣含量的板烧砖。与传统烧结砖相比，适量的 TiO_2 能够有效地提高烧结砖的抗压强度，烧结砖的强度可以达到 MU15。有学者以含钛高炉渣为骨料，粉煤灰、石灰为胶凝材料，经过实验室研制及工业试验，生产出强度达到 MU10 的钛渣砖，并确定生产配方及工艺流程。此外，还开发出等级在 MU15 以上的钛渣实心砖制品，最终的砖制品成本低、强度高，满足国家标准建筑，有广泛的市场应用前景。

4.3.3.2　新近发展起来的直接利用方法

含钛高炉渣新近发展起来的直接利用方法主要包括用于制备光催化材料、泡沫玻璃、抗菌材料、导电陶瓷材料、植物生长材料等。

（1）含钛高炉渣制备光催化材料。含钛高炉渣具有光催化性能，可作为光催化剂降解水体中有机污染物。在制备光催化材料方面，东北大学开展了含钛高炉渣作为光催化剂处理亚甲基蓝、活性艳红 X-3B、邻硝基酚、甲基橙以及 Cr^{6+} 等有机和无机污染物的效果，并取得了显著成果。除了主要的组分 TiO_2，含钛高炉渣中的钛酸钙、含钛透辉石等组分在光催化降解有机污染物方面也具有一定的贡献。

（2）含钛高炉渣制备泡沫玻璃。东北大学以含钛高炉渣为原料开展了制备可用于保温的泡沫玻璃和微晶泡沫玻璃研究。制备的泡沫玻璃发泡均匀，导热系数为 0.06~0.13W/(m·K)，体积密度为 180~240kg/m^3，抗压强度为 2.0~4.0MPa，平均孔径为 4.2mm，吸水率为 9.6%。以泡沫玻璃为基础制备的微晶泡沫玻璃，抗压强度增大到 18MPa 左右，导热系数增大到 0.1~0.2W/(m·K)，平均孔径为 4.2mm，吸水率为 10.3%，体积密度变化不大；微晶泡沫玻璃满足用于建筑墙体保温材料的标准，体积密度远小于常见矿渣微晶泡沫玻璃，性能十分优异。

（3）含钛高炉渣制备抗菌材料。东北大学研究发现了含钛高炉渣的抗菌性能，提出了利用该炉渣制备抗菌材料的方法，并探索了钒、铈掺杂的含钛高炉渣光催化剂对不同菌种的抗菌机理。研究结果表明，掺杂质量分数为10.0%的钒、煅烧温度为800℃并保温2h制备的含钛高炉渣催化剂，对白色念珠球菌的杀菌率可达到100%；紫外光条件下800℃保温2h、钒掺杂量为15.0%制备的含钛高炉渣抗菌材料，对黑曲霉的抑菌率接近100%；掺杂质量分数为5.0%的铈、煅烧温度为800℃并保温2h制备的含钛含钒高炉渣催化剂，对大肠杆菌和金黄色葡萄球菌有较好的抑菌作用，最大抑菌率分别为97.2%和78.6%；300℃保温2h条件下制备的硫酸铵掺杂含钛高炉渣抗菌材料，对白色念珠球菌有较好的抑菌能力，最大的抑菌率为97.3%；修饰的含钛高炉渣抗菌材料能够改变菌体细胞状态并破坏胞外膜结构，同时降低酶SAP（白色念珠菌和大肠杆菌）和酶TTC（金黄色葡萄球菌）的活性，从而起到杀菌作用。

（4）含钛高炉渣制备导电陶瓷材料。在制备导电陶瓷材料方面，东北大学开展了以含钛高炉渣为原料采用碳热还原氮化法合成TiN/β′-Sialon复相导电陶瓷的工艺研究，并详细考察了TiN/β′-Sialon复相导电陶瓷的结构、机械性能、常温导电性能、抗氧化性能以及放电加工性能。研究结果表明，复相导电陶瓷体积密度为3.0g/cm^3，线收缩率为12.4%，硬度为9.6GPa，抗折强度为120.1MPa，断裂韧性3.7MPa·m$^{1/2}$，电阻率为$1.3\times10^{-2}\Omega\cdot$cm；1200~1300℃氧化时，复相导电陶瓷表面可形成比较致密的“保护膜”，使氧化受到限制；制备的TiN/β′-Sialon复相导电陶瓷具有良好的可加工性。

（5）含钛高炉渣制备植物生长材料。在制备植物生长材料方面，东北大学开展了以含钛高炉渣为原料制备植物生长材料（复合肥）方面的研究，并通过大田试验获得了对大豆、甜玉米、甜菜、蓖麻等农作物的生长情况和相关性能影响。研究结果表明，以硫酸铵和含钛高炉渣制备的复合肥能够使大豆生育期缩短2天，产量增加5.0%，而且追施该复合肥的甜菜比追施基体硫酸铵肥料的甜菜亩产量增加10.9%，含糖率增加8.3%，亩产糖量增加20.2%；以含钛高炉渣、硫酸铵、柠檬酸和碳酸钾为原料制备了叶面肥，追施叶面肥的甜菜比追施基体硫酸铵肥料的甜菜亩产量增加20.7%，含糖率增加11.7%，亩产糖量增加34.8%；以含钛高炉渣、硫酸氢钾、柠檬酸、尿素和氧化镁为原料制备了叶面肥和钙硫硅肥，其中叶面肥能够使蓖麻和甜玉米生育期缩短2天，钙硫硅肥能够使蓖麻总产量提高21.3%。

4.4 高钛渣的利用

高钛渣是经过物理生产过程而形成的钛矿富集物俗称，通过电炉加热熔化钛矿，使钛矿中二氧化钛和铁熔化分离后得到的二氧化钛高含量的富集物。高钛渣既不是废渣，也不是副产物，而是生产四氯化钛、钛白粉和海绵钛产品的优质原料。钛渣是由钛精矿冶炼而成。

高钛渣一般状态为粉状，粒度在150~380μm，黑色。以粉状供货，粒度在0.425~0.075mm之间的总量不小于75%。

4.4.1　高钛渣的熔炼

4.4.1.1　钛铁矿的还原反应

钛铁矿的基本成分是偏钛酸铁（$FeTiO_3$），温度为 298～1700K 时，碳还原偏钛酸铁可能发生如下反应：

$$FeTiO_3 + C \longrightarrow TiO_2 + Fe + CO \tag{4-1}$$

$$3/4FeTiO_3 + C \longrightarrow 1/4Ti_3O_5 + 3/4Fe + CO \tag{4-2}$$

$$2/3FeTiO_3 + C \longrightarrow 1/3Ti_2O_3 + 2/3Fe + CO \tag{4-3}$$

$$1/2FeTiO_3 + C \longrightarrow 1/2TiO + 1/2Fe + CO \tag{4-4}$$

$$1/3FeTiO_3 + C \longrightarrow 1/3Ti + 1/3Fe + CO \tag{4-5}$$

$$1/4FeTiO_3 + C \longrightarrow 1/4TiC + 1/4Fe + 3/4CO \tag{4-6}$$

钛的氧化物在还原熔炼过程中随温度升高按下列顺序发生变化：

$$TiO_2—Ti_3O_5—Ti_2O_3—TiO—Ti—TiC—Ti(Fe)$$

熔炼过程中，不同价的钛化合物是共存的，其数量的相互比例随熔炼温度和还原度大小而变化。

4.4.1.2　钛铁矿中杂质的还原

钛铁矿中的杂质有 MgO、CaO、Al_2O_3、SiO_2、MnO、V_2O_5 等。其中，MgO、CaO 和 Al_2O_3 还原的开始反应温度相应为 2153K、2463K 和 2322K。由此可见，在还原熔炼钛铁矿的温度（2000K 左右）下不可能被还原。其他杂质如 SiO_2、MnO 和 V_2O_5 在钛铁矿还原熔炼温度下，发生不同程度的还原，但远比 FeO 和 TiO_2 难还原。因此，钛铁矿中的大部分杂质（除 SiO_2 外）基本上被富集在渣中。

4.4.1.3　钛铁矿的还原步骤

研究表明，钛铁矿的还原不是先分解为单一氧化物 FeO 和 TiO_2，然后再进行还原，而是直接从钛铁矿晶格中排出氧。钛铁矿的还原通常分为两个阶段。

第一阶段还原是矿中 $Fe^{3+} \rightarrow Fe^{2+}$，即矿中假金红石（$Fe_2Ti_3O_9$或 $Fe_2O_3 \cdot 3TiO_2$）还原为钛铁矿和金红石：

$$Fe_2Ti_3O_9 + C \longrightarrow 2FeTiO_3 + TiO_2 + CO \tag{4-7}$$

第一阶段的还原易进行，即使在低温下，如 1173K，也可在较短时间内完成。

第二阶段还原是 $Fe^{2+} \rightarrow FeO$，这一阶段还原较复杂。根据 FeO-TiO_2-Ti_2O_3 三元组成图可看出，钛铁矿的还原只能使部分 TiO_2 还原。因此，不可能获得不含低价钛而只含 Ti^{4+} 的钛渣。

4.4.2　高钛渣的成分标准

高钛渣的成分标准如表 4-7 所示。

表 4-7 高钛渣成分 (%)

品级	一级品	二级品	三级品
TiO_2	≥94	≥92	≥90
∑Fe	≤3	≤4	≤4
MnO_2	≤4.5	≤4.5	≤4.5
CaO+MgO	≤1.5	≤1.5	≤1.5
Al	≤0.4	≤0.55	≤1.0
V	≤0.4	≤0.55	≤1.0

4.4.3 高钛渣的利用

TiO_2 含量大于90%的高钛渣可以作为氯化法钛白的生产原料，TiO_2 小于90%的高钛渣是硫酸法钛白生产的优质原料。

我国现有钛白粉生产企业70家以上，除锦州为氯化法工艺外，其他基本均为硫酸法工艺且所用原料以钛精矿为主。近年来，钛白粉生产企业已认识到高钛渣的优势，逐步转向以高钛渣生产钛白粉。

在今后相当长一段时间内，以高钛渣为原料的钛白粉、金属海绵钛产品仍属国家产业结构调整中鼓励发展的重点项目。高钛渣作为短缺的初级矿产品，市场前景十分广阔。

4.5 富硼渣的利用

硼是一种典型的非金属元素，在自然界中只以化合物形式存在，但在地壳中分散状态的硼却分布广泛，而且是地表水、地下水、岩浆喷气、矿泉水和所有岩层的气液包裹体中所具有的元素，呈分散状态。据资料介绍，硼在地壳中的含量为0.001%，即每吨岩石中含有10g硼。自然界不存在单质的硼，除有一些含氟的化合物外，硼基本上都是以含氧化合物的形式存在。

根据化学加工条件的不同，含硼资源可分为三类：

（1）易分解的矿物，主要是沉积生成的，如钠、钾、钠-钙及镁-钙的硼酸盐（约60种）；

（2）难分解的火成岩矿物，如复杂的含硼硅酸盐及硅铝酸盐（约25种）；

（3）含有硼砂和硼酸的水溶液。

富硼渣是一种含硼炉渣，可作为硼化工原料，国内外研究很少。硼酸和硼砂是硼系列品种中最主要的品种，绝大部分的硼系列品种都是以它们为起点制成的。我国生产硼酸的方法一般有硫酸法、硼砂硫酸酸化法、碳氨法、盐酸法等；生产硼砂的方法有碳碱法、加压碱解法、硫酸法、酸碱联合法等。将各种硼矿的加工方法优缺点加以比较，考虑到富硼渣的组成和结构特点，以及我国硼化工的历史和现状，采用硫酸分解一步法制取硼酸和碳碱法工艺制取硼砂比较合适。

4.5.1 富硼渣的来源和性质

硼铁矿在电炉或高炉内经熔态选择性还原后实现铁与硼的分离，得到含硼生铁及含硼炉渣两种物质，即利用有用矿物化学稳定性的差异，采用高温选择性还原，使铁优先被还原出来。在高温条件下，矿石中将有少量的硼、硅进入铁液中，生成含硼生铁；而矿石中大部分的 B_2O_3、SiO_2 与 MgO、CaO、Al_2O_3 形成炉渣，B_2O_3 在渣中得到富集，形成富硼渣，渣中硼的品位达到富硼矿的品位。此工艺称为“火法”硼铁分离路线。火法路线的指导思想是以硼为主，综合利用矿石中的铁资源。此富硼渣中 B_2O_3 的品位可达到 12%～17%。经 X 射线衍射分析结果表明，其主要相为 $2MgO \cdot B_2O_3$ 和 $2MgO \cdot SiO_2$。营口广大实业有限公司的富硼渣主要化学组成见表 4-8。从化学组成上来看，它与焙烧后的硼镁矿相似，可代替硼镁矿作为硼的来源。但是，所得到的富硼渣如不加以处理，其硼的反应活性很低，其常压碱解率低于 50%。因此，必须提高其反应活性，富硼渣才能是很好的硼化工原料。

表 4-8 富硼渣化学成分 （%）

B_2O_3	MgO	SiO_2	CaO	Al_2O_3	TFe	FeO	S
11.91	34.45	26.76	14.82	7.22	1.65	1.16	0.67

有学者研究了富硼渣活性的影响因素，结果表明：当富硼渣中的硼以硼酸镁盐形式存在，则会有较高的反应活性；当以玻璃质形式或发育不完整的硼酸盐形式存在时，活性较低。而且，熔体冷却固化时的晶化程度越高，活性越高。研究表明，在 900～1200℃之间保温 1.5h 以上，可使硼在渣中形成发育良好的遂安石晶态物质，从而可使硼的反应活性显著提高，其常压碱解率可达 87%以上。

化学成分对富硼渣活性也产生很大的影响。有学者研究结果表明，渣中 CaO、Al_2O_3 的含量不超过 8.5%时，对富硼渣的活性没有显著影响，只是改变硅酸盐相的种类和显微结构，对于硼酸盐的存在形式及晶化程度没有明显的影响。而 SiO_2 的加入则有利于在富硼渣中形成玻璃物质，从而降低了富硼渣的活性。在铁、硼分离过程中，采用精熟矿及低灰分焦炭入炉对于提高富硼渣中硼的品位及活性都是有利的。

由火法分离直接得到的富硼渣活性很低，不能作为含硼原料直接用于生产。尤其是碳碱法对富硼渣活性要求较高，富硼渣的活性必须要予以提高。在富硼渣冷却过程中，主要析出的晶相为遂安石相（$2MgO \cdot B_2O_3$）和镁橄榄石相（$2MgO \cdot SiO_2$），若能有效抑制镁橄榄石相生长，促进遂安石相析晶，则富硼渣活性提高。熔体结晶过程是由晶核成核速度和晶体长大速度共同控制的，两者均与温度有关。研究发现，在 $MgO\text{-}B_2O_3\text{-}SiO_2\text{-}Al_2O_3\text{-}CaO$ 中 $2MgO \cdot B_2O_3$ 析晶的适宜温度区域在 1000～1200℃。研究表明，富硼渣冷却过程为两段式，即在 1500～1200℃区间先急冷，抑制玻璃相形成；在 1200～900℃区间缓冷确保遂安石析晶并长大。而且在 1500～1200℃区间冷却速率越高，富硼渣活性越大。有学者通过实验改变富硼渣熔体的冷却条件，以高炉生产的富硼渣为原料进行试验，在 1500～1200℃区间控制冷却速率为 0.76～2℃/min，在 1200～900℃区间控制冷却速率小于 2℃/min，富硼渣活性由 40.05%增加到 83.72%。

4.5.2 富硼渣硫酸法制取硼酸

富硼渣中的硼主要以遂安石相存在，采用硫酸法浸出富硼渣时，遂安石与硫酸反应生成硼酸和硫酸镁。可根据二者的结晶温度差别控制结晶，达到制取硼酸的目的。回收硼酸和一水硫酸镁的试验流程如图 4-9 所示。硫酸浸出一步法制硼酸的主要化学反应如下：

$$2MgO \cdot B_2O_3 + 2H_2SO_4 + H_2O = 2H_3BO_3 + 2MgSO_4 \quad (4-8)$$

$$2MgO \cdot SiO_2 + 2H_2SO_4 = 2MgSO_4 + SiO_2 + 2H_2O \quad (4-9)$$

其中遂安石最容易被硫酸分解，其他矿物也不同程度地发生反应。从上述反应可看出，硫酸浸出富硼渣时，富硼渣中的硼元素以硼酸的形式转入液相中，渣中部分镁以 $MgSO_4$ 形式进入溶液。

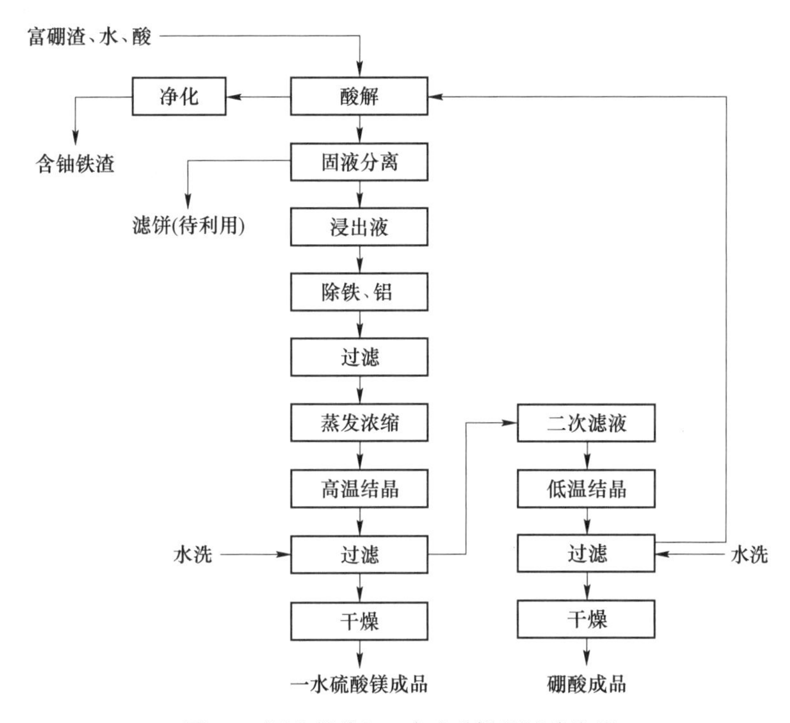

图 4-9 回收硼酸和一水硫酸镁的试验流程

4.5.3 富硼渣碳碱法制取硼砂

图 4-10 为富硼渣碳碱法制备硼砂流程。碳碱法制硼砂的主要化学反应为：

$$2(2MgO \cdot B_2O_3) + Na_2CO_3 + 3CO_2 = Na_2B_4O_7(s) + 4MgCO_3 \quad (4-10)$$

根据热力学计算，标准状态下 $\Delta G^{\ominus} = -405 \times 10^4 J/mol$，所以判断反应向生成硼砂的方向进行。$Na_2B_4O_7$ 的溶解度随温度的升高而增大，加压、提高反应温度可缩短反应时间。有学者研究了富硼渣活性及渣的组成对碳解率的影响。结果表明，富硼渣的活性为 80%、浓 CO_2 碳解 12h 的条件下，碳解率为 77%～78%；而活性为 88.91%、浓 CO_2 碳解 8h 时，碳解率为 88%～90%。有学者以富硼渣为原料，温度为 135℃，搅拌速度为 500r/min，碳解反应时间 12h，碳解罐总压力 0.8MPa，液固比 2.5，碱量为理论量的 110%，纯 CO_2 碳解，碳解率大于 75%。富硼渣碳解液过滤、浓缩、结晶即可得到硼砂，如图 4-10 所示。

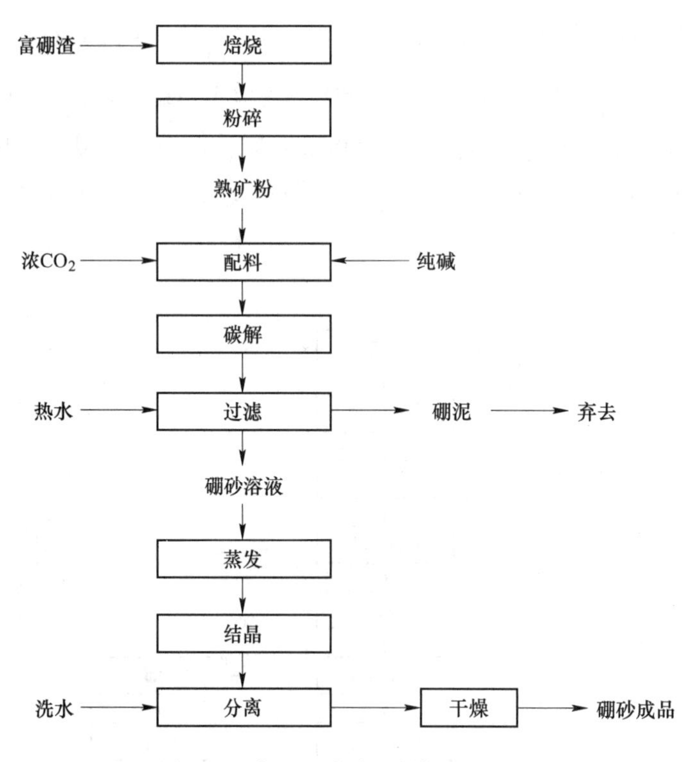

图 4-10　富硼渣碳碱法制备硼砂流程

4.5.4　富硼渣制备辐射防护材料

核工业发展迅猛，中子、伽马射线已应用到人类社会的各个方面，但过度的辐照会对人体造成伤害，适宜的屏蔽材料是有必要的，而常用的屏蔽材料成本高或存在缺陷，因此寻找物美价廉的屏蔽材料显得非常重要。

矿物资源中含有的部分元素对中子/伽马射线具有较强的辐射防护能力，因此很多研究专门围绕矿物本身进行开展，并着重分析了矿物资源的辐射防护能力，为应用的可能性提供了理论支撑。

硼元素具有良好的中子屏蔽性能，尤其是热中子的屏蔽，同时铁等元素可以作为有用组分用于伽马射线的屏蔽。富硼渣等含硼资源因含硼、铁等可用来制备辐射防护材料。富硼渣对热中子的屏蔽主要是通过吸收截面实现，并以^{10}B同位素为主。

4.5.5　富硼渣制备微晶玻璃

富硼渣富含制备微晶玻璃的有益元素硼以及硅、铝、镁等，可以定量地配入制备微晶玻璃。富硼渣中的硼对于玻璃制品能够减小黏度而对热膨胀和化学耐久性无任何负面影响，并且能增强制品强度和韧性，将其作为生产微晶玻璃的原料非常有益。

富硼渣制备微晶玻璃的工艺过程如图 4-11 所示。

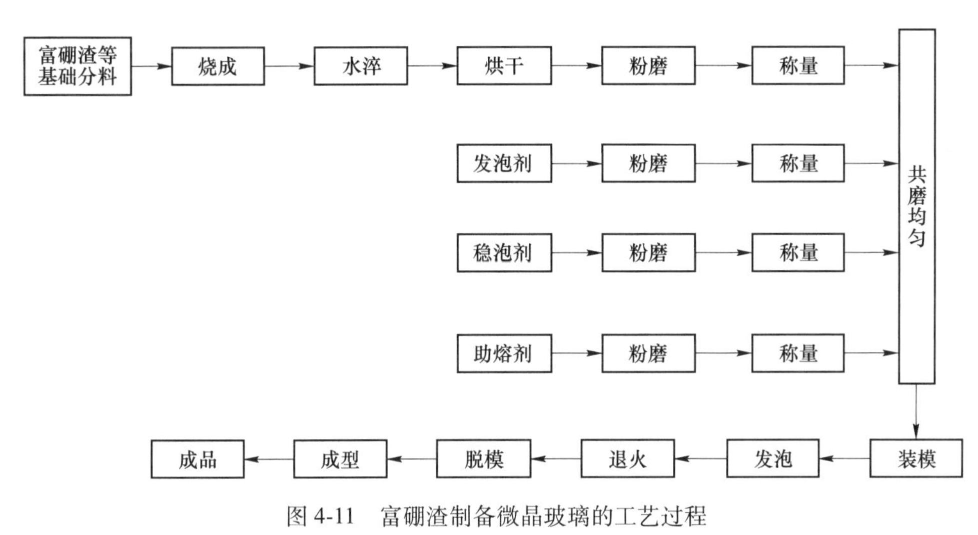

图 4-11 富硼渣制备微晶玻璃的工艺过程

4.6 钢渣的利用

钢渣是在钢铁冶炼过程中由于石灰、萤石等造渣材料的加入、炉衬的侵蚀以及铁水中硅、铁等物质氧化而成的复合固溶体，其中还含有少量游离的氧化钙以及金属铁等。钢渣是炼钢过程排出的废渣，其排出量约为粗钢产量的15%左右，我国钢渣目前的利用率在一个相对较低水平，亟需大幅提高。

钢渣含有多种有用成分：TFe 2%~8%，CaO 40%~60%，MgO 3%~10%，MnO 1%~8%，故可作为钢铁冶金原料使用。钢渣的矿物组成以硅酸三钙为主，其次是硅酸二钙、RO 相、铁酸二钙和游离氧化钙。钢渣为熟料，是重熔相，熔化温度低。重新熔化时，液相形成早，流动性好。按炼钢方法，钢渣分为电炉钢渣、平炉钢渣和转炉钢渣 3 种，但由于平炉炼钢工艺被替代，现在也就基本没有平炉钢渣产生了。

4.6.1 钢渣的来源

炼钢的过程是一个极复杂的过程，产生了粗钢产量的15%左右的副产品——钢渣。其来源如下：

（1）来源于矿石或精炼矿中的脉石。这些脉石在炼钢过程中未被还原，如在转炉、电炉中的脉石成分有 SiO_2、Al_2O_3、CaO 等。

（2）在炼钢过程中，部分粗炼和精炼的金属被氧化产生的氧化物，如在氧化精炼中产生的 FeO、Fe_2O_3、MnO、TiO_2、P_2O_5 等。

（3）被侵蚀和冲刷下来的炉衬材料。如在碱性转炉炼钢时，由于炉衬被侵蚀使渣中含 MgO。

（4）根据炼钢要求加入的熔剂，如 CaO、SiO_2、CaF_2 等。

总之，钢渣是一种极复杂的体系，一般有 5 种以上的化合物组成，其中组成因冶炼方法不同而不同。表 4-9 列出了钢渣主要化学组成范围。

表 4-9 钢渣的化学组成 (%)

组分	转炉渣	电炉渣	精炼渣	电渣重熔渣
SiO_2	15~25	10~20	15~18	—
Al_2O_3	6~7	3~5	6~7	30
CaO	36~40	40~50	50~55	—
FeO	8~10	8~15	<1.0	—
MgO	5~7	7~12	0~10	—
MnO	9~12	5~10	<0.5	—
CaF_2	—	—	8~10	70
P_2O_5	1~2	0.5~1.5	—	—

4.6.2 钢渣的性质

钢渣是一种多种矿物质组成的固溶体，其性质与其化学成分有密切的关系。

（1）外观。钢渣冷却后呈块状和粉状。低碱度钢渣呈黑色，质量较轻，气孔较多；高碱度渣呈黑灰色、灰褐色、灰白色，密实坚硬。

（2）密度。由于钢渣含铁较高，因此比高炉渣密度高，一般在 3.1~3.6g/cm^3。

（3）堆积密度。钢渣堆积密度不仅受其密度影响，还与粒度有关。通过 180μm 标准筛的渣粉，平均炉渣为 2.17~2.20g/cm^3，电炉渣为 1.62g/cm^3 左右，转炉渣为 1.74g/cm^3 左右。

（4）易磨性。钢渣由于致密，因此较耐磨。易磨指数：标准砂为 1，钢渣为 0.96，而高炉渣仅为 0.7，钢渣比高炉渣要耐磨。

（5）活性。$3CaO \cdot SiO_2(C_3S)$、$2CaO \cdot SiO_2(C_2S)$ 等为活性矿物，具有水硬胶凝性。当钢渣的碱度大于 1.8 时，便含有 60%~80%的 C_3S 和 C_2S，并且随碱度的提高，C_3S 含量增加。当碱度达到 2.5 以上时，钢渣的主要矿物为 C_3S。用碱度高于 2.5 的钢渣加 10%的石膏研磨制成的水泥，强度可达 325 号。因此，C_3S 和 C_2S 含量高的高碱度钢渣，可做水泥生产原料和制造建材制品。

（6）稳定性。钢渣含游离氧化钙（f-CaO）、MgO、C_3S、C_2S 等，这些组分在一定条件下都具有不稳定性。碱度高的熔渣在缓冷时，C_3S 会在 1250℃ 到 1100℃ 时缓慢分解为 C_2S 和 f-CaO；C_2S 在 675℃ 时 β-C_2S 要相变为 γ-C_2S，并且发生体积膨胀，膨胀率达 10%。

另外，钢渣吸水后，f-CaO 要消解为 $Ca(OH)_2$，体积将膨胀 100%~300%，MgO 会变成 $Mg(OH)_2$，体积也要膨胀 77%。因此，含 f-CaO、MgO 的常温钢渣是不稳定的，只有 f-CaO、MgO 消解完或含量很少时，才会稳定。

由于钢渣具有不稳定性，因此，在应用钢渣时必须注意以下几点：

（1）用作生产水泥的钢渣 C_3S 含量要高，因此在冷却时最好不采用缓冷技术；

（2）含 f-CaO 高的钢渣不宜做水泥和建筑制品生产及工程回填材料；

（3）利用 f-CaO 消解膨胀的特点，可对含 f-CaO 高的钢渣采用余热自解的处理技术。

4.6.3 钢渣的处理工艺

目前国内钢渣主要处理工艺有热泼法、风淬法、滚筒法、粒化轮法、热焖法。其中，热泼法、滚筒法、热焖法最为常用。

4.6.3.1 热泼法

(1) 渣线热泼法。将钢渣倾翻，喷水冷却3~4天后使钢渣大部分自解破碎，运至磁选线处理。

此工艺的优点在于对渣的物理状态无特殊要求、操作简单、处理量大。其缺点为占地面积大，浇水时间长，耗水量大，处理后渣铁分离不好，回收的渣钢含铁品位低，污染环境，钢渣稳定性不好，不利于尾渣的综合利用。

(2) 渣跨内箱式热泼法。该工艺的翻渣场地为三面砌筑并镶有钢坯的储渣槽，钢渣罐直接从炼钢车间吊运至渣跨内，翻入槽式箱中，然后浇水冷却。

此工艺的优点在于占地面积比渣线热泼小、对渣的物理状态无特殊要求、处理量大、操作简单、建设费用比热焖装置少。其缺点为浇水时间24h以上，耗水量大，污染渣跨和炼钢作业区，厂房内蒸汽大，影响作业安全，钢渣稳定性不好，不利于尾渣综合利用。

4.6.3.2 滚筒法

高温液态钢渣缓慢倾翻在旋转滚筒内，经高压水和钢球作用将钢渣冷却撞击成粒的方法。

此工艺的优点在于流程短，设备体积小，占地少，钢渣稳定性好，渣呈颗粒状，渣铁分离好，渣中f-CaO含量小于4%（质量分数，下同），便于尾渣在建材行业的应用。其缺点为对渣的流动性要求较高，必须是液态稀渣，渣处理率较低，仍有大量的干渣排放，处理时操作不当易产生爆炸现象。

4.6.3.3 热焖法

待熔渣温度自然冷却至300~800℃时，将热态钢渣倾翻至热焖罐中，盖上罐盖密封，待其均热半小时后对钢渣进行间歇式喷水。急冷产生的热应力使钢渣龟裂破碎，同时大量的饱和蒸汽渗入渣中与f-CaO、f-MgO发生水化反应使钢渣局部体积增大从而令其自解粉化。

此工艺的优点在于渣平均温度大于300℃均适用，处理时间短（10~12h），粉化率高（粒径20mm以下的达85%），渣铁分离好，渣性能稳定，f-CaO、f-MgO含量小于2%，可用于建材和道路基层材料。其缺点为需要建固定的封闭式内嵌钢坯的热焖箱及天车厂房，建设投入大，操作程序要求较严格，冬季厂房内会产生少量蒸汽。

4.6.4 钢渣的利用

钢渣作为二次资源，综合利用有两个主要途径：一个是作为冶炼熔剂在本厂循环利用，不但可以代替石灰石，且可以从中回收大量的金属铁和其他有用元素；另一个是作为制造筑路材料、建筑材料或农业肥料的原材料。

4.6.4.1 钢渣用于冶金原料

(1) 从钢渣中回收废钢铁。钢渣中含有较大数量的铁，平均质量分数约为25%，其中金属铁约占10%。磁选后，可回收各粒级的废钢，其中大部分含铁品位高的钢渣作为炼钢、炼铁原料。

(2) 钢渣用作烧结材料。由于转炉钢渣中含40%~50%的CaO，用其代替部分石灰石作烧结配料，不仅可回收利用钢渣中残钢、氧化铁、氧化钙、氧化镁、氧化锰、稀有元素（V、Nb 等）等，而且可使转鼓指数和结块率提高并有利于烧结造块及提高烧结速度。钢渣中 Fe、FeO 在氧化反应过程中产生的热量可降低烧结矿燃料消耗。

（3）钢渣用作高炉熔剂。转炉钢渣中含有 40% ~50%的 CaO、6%~10%的 MgO，将其回收作为高炉助熔剂，可代替石灰石、白云石，从而节省矿石资源。

另外，由于石灰石（$CaCO_3$）、白云石[$CaMg(CO_3)_2$]分解为 CaO、MgO 的过程需耗能，而钢渣中的 Ca、Mg 等均以氧化物形式存在，从而节省大量热能。

（4）钢渣用作炼钢返回渣料。钢渣返回转炉冶炼可降低原料消耗，减少总渣量。对于冶炼本身还可促进化渣，缩短冶炼时间。

4.6.4.2 钢渣用于道路工程

（1）钢渣生产水泥及混凝土掺合料。钢渣中含有具有水硬胶凝性的硅酸三钙（C_3S）、硅酸二钙（C_2S）及铁铝酸盐等活性矿物，符合水泥特性，因此可以用作生产无熟料水泥、少熟料水泥的原料以及水泥掺合料。钢渣水泥具有耐磨、抗折强度高、耐腐蚀、抗冻等优良特性。

（2）钢渣代替碎石和细骨料用于道路回填。钢渣碎石具有强度高、表面粗糙、耐磨和耐久性好、容重大、稳定性好、与沥青结合牢固等优点，相对于普通碎石还具有耐低温开裂的特性，因而可广泛用于道路工程回填。钢渣作为铁路道渣，具有不干扰铁路系统电讯工作、导电性好等特点。由于钢渣具有良好的渗水和排水性，其中的胶凝成分可使其板结成大块。钢渣同样适于沼泽、海滩筑路造地。

4.6.4.3 新型建筑材料工程应用

（1）钢渣制新型混凝土。通过磨细加工，可使工业废渣的活性提高，并作为一种混凝土用掺合料，成为混凝土的第 6 组分——矿物细掺料。细磨加工不仅使渣粉颗粒减小，增大其比表面积，使渣粉中的 f-CaO 进一步水化以提高渣粉稳定性，还伴随着钢渣晶格结构及表面物化性能变化，使粉磨能量转化为渣粉的内能和表面能，提升钢渣胶凝性。利用钢渣微粉与高炉矿粉相互间的激发性，加以适当的激发剂，可配制出高性能的混凝土胶凝材料。同时，根据不同的使用要求，还可配制出道路混凝土（抗拉强度高，耐磨、抗折、抗渗性好）、海工混凝土（良好的渗水、排水性，海洋生物附着率高）等系列产品。

（2）碳化钢渣制建筑材料。造成钢渣稳定性不好的主要因素是游离氧化钙和游离氧化镁，它们都可以和 CO_2 进行反应，且钢渣在富 CO_2 环境下，会在短时间内迅速硬化。利用这种性质，可利用钢渣制成钢渣砖，再次用到不同的建筑中，其重要意义在于碳化养护材料的物理化学性能得到了重大改进。与此同时，有效控制了 CO_2 的排放，改善温室效应。

4.6.4.4 钢渣制微晶玻璃

矿渣微晶玻璃自 20 世纪 60 年代研发出来以后，在许多国家形成了规模化生产。有学者以还原性钢渣为主要原料研制出了外形美观的微晶玻璃花岗岩，还有学者以钢渣和粉煤灰为主要原料，研制出以钙、铁灰石为主晶相的微晶玻璃。

4.6.4.5 钢渣在环境工程方面的应用

钢渣较高的碱性和较大的比表面积，使其可用于处理废水。

研究表明，钢渣具有化学沉淀和吸附作用。在钢渣处理含铬废水研究中，铬的去除率达到 99%。钢渣处理含锌废水的研究中，锌的去除率达 98%以上，处理后的废水达到《污水综合排放标准》（GB 8978—1996）的要求。钢渣处理含汞废水的研究中，汞的去除率达到90.6%。其研究结果为解决海洋汞污染提供了一种有效途径。钢渣还可用于处理含磷废水及含其他重金属废水。

4.6.4.6 钢渣在农业上的应用

钢渣作为碱性渣可以用于酸性土壤中，其中的CaO、MgO可改良土壤土质。含磷高的钢渣也可用于缺磷碱性土壤中并增强农作物的抗病虫害能力。硅是水稻生长需求量最大的元素，SiO_2含量高于15%的钢渣可作硅肥。利用钢渣中高含量的氧化钙和氧化镁，将钢渣作为辅助剂与矿石一起制备成钙镁磷肥。

钢渣中含有较多的铁、锰等对作物有益的微量元素，同时可以在钢厂出渣过程中，在高温熔融态的炉渣中添加锌、硼等的矿物微粉，使其形成具有缓释性的复合微量元素肥料。复合肥料作为农业基肥施用到所耕种的土壤里，可以解决长期耕作土壤的综合缺素问题，并增加作物内的微量元素含量水平，提高其品质。

4.6.4.7 其他用途

钢渣还可生产免烧砖、铸造砂、水泥膨胀剂、制流态砂硬化剂等。

4.7 含铬钢渣的利用

不锈钢渣大多为碱性渣，其碱度可以达到2.0以上，渣中CaO及MgO含量较大，二者与水反应时具有大的膨胀系数不锈钢渣的主要金属元素为Ca、Si、Mg，占钢渣总质量的50%左右，另外还有Al、Fe、Mn和Cr元素。几种不锈钢渣化学成分和矿物组成见表4-10、表4-11。

表4-10 不锈钢渣的化学成分 (%)

种类	CaO	MgO	SiO_2	Al_2O_3	FeO	P	S	MnO	NiO	Cr_2O_3
EAF渣	47.78	7.67	28.68	4.83	3.57	0.02	0.82	0.21	1.35	4.71
AOD渣	64.02	4.68	26.51	1.54	0.20	0.01	0.09	0.47	0.75	0.43
BOF渣	56.56	8.03	27.36	2.59	1.30	0.02	0.08	0.59	2.73	0.53
LF渣	66.89	4.20	20.36	2.09	0.35	0.07	1.72	0.81	0.01	0.26

表4-11 不锈钢渣的矿物组成 (%)

渣系	主要矿物	其他矿物
EAF渣	硅酸二钙、镁硅钙石	尖晶石固溶体、RO相、金属铁、金属铬、金属镍
AOD渣	硅酸二钙、镁硅钙石	尖晶石、玻璃质、方解石、硅酸三钙、氟化钙等
BOF渣	硅酸二钙、镁硅钙石	方解石、金属铁、金属镍、磁铁矿等
LF渣	硅酸二钙、镁硅钙石	磁铁矿、氟化钙、炭粒等

AOD渣中Ca、Si、Mg、Al的氧化物占绝大部分，其物相主要为硅酸二钙、镁硅钙石、硅钙石和辉石，还存在少量的尖晶石、磁铁矿、浮氏体、玻璃相、RO相和铁酸钙；AOD渣中硅酸二钙和硅钙石的典型显微形貌为黑色圆粒状和六方板状，镁硅钙石的典型显微形貌为无定形灰色相，连续填充于黑色相之间，辉石、尖晶石和RO相等微量矿物被包裹于硅酸二钙中。AOD渣中硅酸二钙是主要物相，呈细小粒状集合体和柱状，体积分数达80%以上，镁硅钙石、硅钙石和辉石主要呈粒状，体积百分含量分别在5%左右。

铬在渣中的化合物主要是 $Cr_2O_3 \cdot MgO$、$CaCr_2O_4$、$CaCrO_4$ 等，以含铬的合金颗粒和含 Cr_2O_3 的矿物形式存在。$CaCrO_4$ 微溶于水、易溶于酸性溶液；$CaCr_2O_4$ 不易溶于水，但溶于酸性溶液并在室温下和空气存在的情况下可被氧化成铬酸钙；$MgO \cdot Cr_2O_3$ 比较稳定，具有很强的抗氧化性。铬镁尖晶石氧化成铬酸镁需要很大的氧势，而在空气气氛下很难将其氧化。

不锈钢渣处理技术主要集中在重金属解毒、固化、提取和不锈钢渣再利用等几方面，现有的处理技术有还原法、湿法提取金属法、水泥固化法、陶瓷固化法、微生物法、玻璃固化法等。

4.7.1 还原法

还原法用还原性物质将渣中 Cr^{6+} 还原为 Cr^{3+}，主要有高温碳还原法、高温硅铁还原法和自还原法。

高温碳还原法：将不锈钢渣和炭粒混合后，升温至 850~1200℃，保温一定时间，利用碳或 CO 的强还原性将含铬废渣中的 Cr^{6+} 还原为 Cr^{3+}，最终以玻璃态或尖晶石形态存在，实现解毒，反应式为：

$$4CaCrO_4 + 3C = 2CaCr_2O_4 + 2CaO + 3CO_2 \tag{4-11}$$

$$2CaCrO_4 + 3CO = CaCr_2O_4 + CaO + 3CO_2 \tag{4-12}$$

高温硅铁还原法：用硅铁作为还原剂，在 1600℃左右将不锈钢渣中的 Cr^{6+} 还原。热力学计算表明，在高温条件下，硅还原 FeO、MnO 的反应的吉布斯自由能低于 Cr_2O_3 的。因此，高温条件下，硅与不锈钢渣中的氧化物反应时，将先把渣中的 Cr^{6+} 还原为 Cr^{3+}，再将渣中的 FeO、MnO 等氧化物还原，最后在热力学及动力学条件满足的情况下将 Cr^{3+} 还原为金属铬。

自还原法：先将不锈钢渣中的铬进行浸出，再向溶液中添加高炉渣，利用高炉渣中浸出的 Fe^{2+} 离子还原溶液中的六价铬。研究表明，pH 值为 2 时，每 1g 高炉渣可以还原 51.6mg 的 Cr^{6+}，并且随着 pH 值的降低，高炉渣添加量的增大，六价铬的还原率会有进一步的提高。这种方法以废治废的思想比较可取，但是其解毒完全程度没有保证。在处理过程中，没有实现铬的分离，使得高炉渣也变为含铬的危险固废。

4.7.2 湿法提取金属法

不锈钢渣中的铬以水溶态、酸溶态、结晶态三种形式存在，其中水溶态和酸溶态的铬易于浸出，是造成铬污染的主要原因。某些结晶态铬在自然条件下极缓慢地释放出来，另一些结晶态铬以稳定矿物形式存在，在自然条件下基本不会溶出。

将不锈钢渣粉碎成微小颗粒，经过逐级分离颗粒细小的金属料后用水浸取、分离、过滤得到含 Cr^{6+} 的溶液。向溶液中加一定的工业废酸调整溶液 pH 值为 7~8，使之在中性条件下将 Si、Fe 等沉淀出来，再加工业废酸调节 pH 值为 2.5~3.0 使 Cr^{6+} 还原为 Cr^{3+}，然后沉淀得到 $Cr(OH)_3$，最后再加碱中和至 pH 值为 6.5~7.0，$Cr(OH)_3$ 沉淀经焙烧得 Cr_2O_3。尾渣则经过多级筛选、破碎、重选、磁选等工序最终得到不同规格粒级的金属料，可以回收再生利用。太钢采用 H_2SO_4、H_2O_2 和 NaOH 等试剂提取不锈钢渣中的金属元素，具有一定经济价值。

湿法处理不锈钢渣可从废渣中回收有价金属，达到资源回收再利用的目的。从工艺上考虑，这种方法所能处理的废料中有价金属的含量必须相对较高，如从电炉渣中提取铬金属，否则不具备经济效益。从反应动力学上看，当有价金属含量高时，反应速度快，处理效率高。不锈钢渣的湿法提取金属存在含铬废水量大、环境负担重的缺点。

4.7.3 水泥固化法

水泥固化法是常用的固体废弃物资源化处理方法。向不锈钢渣粉中加入一定量的无机酸或硫酸亚铁作还原剂，将 Cr^{6+} 还原成 Cr^{3+}，配以适量的水泥熟料，然后加水搅拌、水化和凝固，铬与其他物质形成稳定的晶体结构或化学键被封闭在水泥基体中，从而达到解毒的目的。固化处理初期，可以采用薄膜覆盖养护，降低二次污染，且可以防止固化体表面水分的蒸发。水泥固化法在固体废弃物，尤其是危险固废处理方面得到极大推广。利用水泥窑协同处置电镀渣、铬渣、不锈钢渣等危险固废，在发展中国家应用广泛。

水泥固化处理将大量重金属离子进一步富集在水泥中，重金属离子的固化效果可用浸出率来表征。有研究指出，水泥制品中重金属离子的浸出率为：Cr 34.9%，Ni 20.8%，As 14.8%，Cd 26.8%，Pb 18.7%。由此可见，水泥固化重金属离子的浸出率高，环境风险高。

4.7.4 陶瓷固化法

不锈钢渣的化学成分和粉体粒径分布适合制陶，只需添加 SiO_2、Al_2O_3 及 MgO 等，调整至 SiO_2 45%~55%、Al_2O_3 18%~23%、CaO<12.5%、MgO<8%等，然后将成型坯在辊道窑内烧制成陶瓷。研究表明，烧结温度偏高或偏低都使 Cr、Pb、Mo 等重金属离子的浸出率升高。近年来，多种固废被用于陶瓷，且重金属离子浸出率都远低于美国环保部 TCLP 标准，实现了无害化处置和高值化利用。

4.7.5 玻璃固化法

含铬危废的玻璃化固化方法近年来日益受到重视。玻璃化处理后，重金属离子固化在玻璃体中，浸出风险低，可以直接填埋。研究表明，对高金属含量的废渣，在玻璃化过程中，金属液与液态渣两相分离，可以回收一定量的合金，实现资源回收再利用。将铬镍合金渣与白云石、石灰石、废玻璃等辅料混合后，经 1450℃熔融后快速冷却可实现铬镍合金渣的玻璃化。将铬电镀渣与废玻璃和底灰混合进行玻璃化，结果表明 98%以上的铬及其氧化物被固化在玻璃体中。

4.8 铁合金渣的利用

铁合金是基础原材料工业之一，主要用于钢铁行业。众所周知，我国是世界第一钢铁大国，同样也是世界第一铁合金大国，2020 年我国铁合金产量超过 3400 万吨。铁合金生产过程中，产生大量的铁合金炉渣，这些炉渣不仅占地面积大，对周围环境造成污染，还会危害人体健康，同时也流失了大量的可利用能源。随着国家环保要求和节能减排要求的进一步提高，我国铁合金行业除了在生产装备、工艺技术水平等方面的革新外，更加注重环保和“三废”的处理利用。铁合金炉渣的综合治理和回收，是影响铁合金行业健康有序发展的重要因素。

4.8.1 铁合金渣的来源

铁合金生产方法按照设备不同主要分为电炉法、高炉法、炉外法、转炉法等，其中多数铁合金生产采用矿热电炉电热还原熔炼。在铁合金生产中，炉料加热熔化后，经还原反应，其中的氧化物杂质与铁合金分离后形成炉渣。

铁合金电热还原过程分无渣法和有渣法两种，由生产铁合金时所形成的相对渣量而确定。无渣过程的铁合金熔炼，通常指渣量不大，约为金属量的3%～10%（如工业硅、硅铁、硅钙合金、硅铝合金和硅铬合金的熔炼）。无渣过程的炉渣是由矿石、精矿、非矿物材料中为数不多的氧化物以及熔炼时未还原的氧化物组成。有渣过程则产生大量炉渣，锰铁、硅锰合金、铬铁、镍铁等大多数铁合金产过程中有大量炉渣生产。铁合金炉渣渣量大小与产品品种、原料品位、生产工艺等密切相关，主要铁合金生产渣铁比见表4-12。2020年铁合金生产过程中产渣量超过4000万吨，包括锰渣、铬渣和镍渣等。

表4-12 主要铁合金产品渣铁比

品种	硅锰合金	锰铁	硅铁	高碳铬铁	金属锰	镍铁
渣铁比	0.8～1.2	1.2～1.5	0.03～0.1	1.1～1.2	2.5～3.5	4～6

4.8.2 铁合金渣利用现状

随着铁合金产量的增加，炉渣量持续增加，对环境造成的危害越来越大，对炉渣的综合处理越来越重视。前苏联是炉渣处理利用较早的国家，1978年其铁合金炉渣处理利用率达到了41.7%。我国从20世纪80年代开始注重铁合金炉渣的处理和利用，作为再生资源，铁合金炉渣广泛应用于冶金、农业、建筑、机械制造等领域。

4.8.2.1 铁合金炉渣的直接回收利用

多数铁合金炉渣中含有一定的金属元素等可利用成分，可以根据其理化性质进行有效回收利用，增加铁合金炉渣的使用量，可以提高元素回收率，提高经济效益。

铁合金炉渣多采用磁选或者重选的方法进行合金回收。早在20世纪80年代，就开始采用跳汰、重选的方法从碳素铬铁渣中回收铬铁，有学者介绍了某锰矿厂对铁合金渣采用跳汰和摇床方法回收锰渣，每生产1t铁合金，可从渣中回收合金27.7kg。有学者从铁合金渣的分选问题上进行探讨，研究了从铁合金渣中回收合金的方法，给出了不同情况下回收合金方法的最优建议。

铁合金炉渣返炉用于铁合金生产，可以大幅提高合金元素回收率。比如锰铁渣、硅锰合金渣、金属锰渣等通常作为原料用于冶炼硅锰合金、低磷锰铁以及复合合金等，不同的配比可以得到成分不同的铁合金。这在日本研究开发较早，成功利用锰渣生产碳酸化复合锰矿球团，用于冶炼硅锰合金。有学者利用低值锰硅渣代替部分富锰渣及高硅澳块生产低碳锰硅合金，可以有效缓解富锰渣供应紧张和采购高硅澳块资金压力的问题，达到降本增效的目的。有学者采用锰硅合金渣取代富锰渣入炉后，生产指标大幅增加，锰回收率从84%提高到90%。该新配方充分利用锰硅合金渣入炉取代富锰渣，吨矿料富锰渣用量从之前15%降到5%，吨产品白云石消耗减少100kg，硅石减少140kg。

铁合金炉渣还可用于炼钢和铸造生铁中。硅锰合金渣、硅钙合金渣等铁合金炉渣含有大量的 CaO 和 MgO 等有利于脱硫的成分，可以将其作为炼钢脱硫剂使用。有学者利用15%~20%的硅钙合金渣、6%~8%的硅锰合金渣以及其他相关配料组成的脱硫剂用于钢水脱硫，脱硫效果可达70%以上。金属锰渣用于炼钢，如在熔炼碳素钢和低合金钢时，在还原期加入金属锰渣，可以使钢有效脱硫，不用锰铁就能生产出合格的钢。硅铁渣可用于炼钢脱氧，可降低硅铁的消耗，同时达到提高钢质量和节能的良好效果。

在铸造行业中，将硅铁替换成硅铁渣，并和生铁一起加入到化铁炉中，能够取得良好的效果。有学者在试验室进行了硅铁渣、铬渣、硅锰合金渣分别加入铸铁中的试验，并进行了硅铁渣生产铸造生铁的工业试验，结果表明铁合金炉渣可以用于铸造生铁冶炼。

4.8.2.2 炉渣生产铸石

铁合金炉渣铸石特点是耐火度高，耐磨性和耐腐蚀性优良，而且机械强度优良。利用铁合金渣生产铸石，首先开始于硅锰合金渣。硅锰合金渣在1250℃具有良好的成型填充性，炉渣经过再还原后，余下的 MnO 可以改善熔体的工艺性能，使其具有较高的结晶化性能，增加炉渣铸石的化学稳定性和热稳定性。铝渣也是良好的生产铸石的原料。铝渣铸石具有良好的抗腐蚀性能和力学性能，但是铝渣难结晶，易形成玻璃体，在进行热处理时要控制好时间和温度。

4.8.2.3 用作水泥原料

铁合金废渣中有多种氧化物，大多数铁合金废渣中的氧化物主要是 CaO、SiO_2、Al_2O_3 或 FeO。这些废渣经水淬后，可用于水泥生产。较早时期，就有铁合金厂用水淬高炉渣作生产水泥的掺合料。用于生产水泥混合材是铁合金炉渣在建筑材料行业资源化的重要途径之一。有学者介绍了用硅锰合金渣、镍渣等进行配料生产熟料，将粉煤灰作为混合材生产普通硅酸盐水泥的方法，该方法生产的水泥符合国家要求，也降低了水泥生产成本。有研究利用锰铁渣代替部分水泥制作成水泥砂浆试件并测试其强度，结果表明锰渣的掺量在30%左右时，不影响试件强度。有学者对锰铁合金渣和矿渣微粉混掺用于绿色生态水泥进行了研究，结果表明掺入锰渣的水泥在强度和结构上与其他水泥差别不大。有研究利用矿热炉渣、矿渣、精炼渣等制备复合水泥，缓解矿渣等高活性混合材资源的紧张。有学者对镍铁渣用作混合材对水泥性能的影响进行了系统的研究。还有学者研究了镍铁渣的化学成分及矿物组成，并研究了利用镍铁渣制备的干混砂浆性能，结果表明，当镍铁渣砂替代河沙的掺量为60%时，所制备的矿热炉渣干混砂浆强度最高。

4.8.2.4 用作建筑和筑路材料

铁合金炉渣还可用于生产建筑用砖，比如硅铁渣、铬铁渣等。有学者的研究表明，锰渣经过预处理，可以代替煤渣生产空心砌块砖。此种空心砌块砖有施工方便、吸水快等优点，优于黏土空心砖和加气混凝土块，并且能降低成本，有良好的社会效益和经济效益。有学者研究了锰铁合金渣的物化性能、力学性能、路用性能等，认为锰铁渣满足沥青路面集料要求，沥青混合料性能优异，所以可以用作沥青路面抗滑表层集料。有学者利用硅锰合金渣作为主要原料，配以豁土、硅藻土制作基础坯体，研制成生态渗水砖，作为路面建筑材料。有学者进行了水淬锰渣制备加气混凝土的实验研究，以水淬渣代替部分硅砂制备加气混凝土是可行的，既能消耗掉水淬锰渣，又能降低加气混凝土的生产成本。有学者提出了利用镍铁渣制蒸压砖的技术路线和方案，利用镍铁渣生产蒸压砖具有良好的经济效益和环境效益，也具有一定的推广意义。有学者进行了少掺量镍铁渣制备混凝土的研究工作，结果表明镍铁渣具有减水、增塑作用，并有助于降低普通硅酸盐水泥混凝土体系干燥收缩效应。

4.8.2.5 用作农田肥料

铁合金炉渣中含有 Mn、Si、Ca、Mg、Cu 等微量元素，可以作为农田的补充营养元素，提高土壤生物活性，利于农作物生长，增加产量。

磷铁合金生产中产生的磷泥渣，含磷 5%～50%，可用作回收工业磷酸和制造磷肥。其原理是将磷泥渣中的磷与氧化合生成 P_2O_5 等磷氧化物，通过吸收塔被水吸收生成磷酸，余下的残渣中含有 0.5%～1%的磷和 1%～2%左右的磷酸，再加入石灰在加热条件下充分搅拌，生成重过磷酸钙，即为磷肥。

国内某单位研制出以稀土硅铁合金渣为原料的高效稀土复合硅肥，由于稀土复合硅肥含有 0.5%的稀土，还含有多种氨基酸和多种微量元素，有利于农作物的生长。含锰、含钼的铁合金渣也可用作农肥。

据报道，日本重化学工业公司高岗铁合金厂将硅锰合金渣处理之后，运往其肥料厂用作生产含 Mn 肥料的主要原料。硅锰合金渣中有一定可溶性的 Mn、Si、Ca、Mg 等植物生长的营养元素，对水稻生长具有良好的作用。试验证明，在稻田中施用硅锰合金渣，有促熟增产作用，减轻了稻瘟病，有利于防止倒伏。

另外，渣中大量的微量元素 Cu、Cr、Li、Zn、Sr 等的存在，对农作物起着催化作用，可加快农作物的生长，提高农作物的产量。

4.8.3 铁合金渣利用新进展

4.8.3.1 湿法富集处理

我国铁合金产量中，锰硅合金产量最多，其产生的炉渣量也最多。对锰硅合金渣的处理，多是用于制备水泥和筑路材料。近些年在采用湿法浸出工艺富集锰硅合金渣中锰的研究逐步增多，有研究进行了锰硅合金渣代替碳酸锰矿浸出生产电解锰的理论研究。研究结果表明采用锰硅合金渣完全可以代替碳酸锰矿作为主要原料浸出生产电解锰，可以解决矿源不稳定的问题，降低生产成本，解决锰硅合金生产中废渣的环保问题，这也是电解锰生产工艺的新突破。但是在工艺上还存在一定问题，如提高回收率指标、提高料液中锰含量等。有学者在实验室条件下成功地利用硫酸法回收锰硅合金渣中的锰，制备出附加值较高的高纯碳酸锰，为合理利用锰硅合金渣提出了一种新思路。

4.8.3.2 用于制备耐火浇注料及人造轻骨料

铬渣外观呈多孔状，且质地坚硬，主要矿物相为镁橄榄石、镁铝尖晶石以及少量的顽辉石和未完全反应的铬铁。目前我国铬渣处理一是水淬后返炉利用，二是主要用于生产水泥、建筑用砖等，由于存在设备投资大、附加值较低的原因，依然无法完全解决铬渣的利用问题。有学者对高碳铬铁渣进行了分析研究，结果表明级配合理的碳铬渣骨料，掺入适量的镁砂粉，以铝酸盐水泥为结合剂，经过 1500℃煅烧，可以制备常温力学性能优异的耐火浇注料。有学者以高碳铬铁渣和黏土为主要原料，添加少量添加剂焙烧轻骨料，结果表明采用 70%碳铬渣，掺适量黏土、助胀剂可制备出性能良好的烧胀型轻骨料，提高碳铬渣掺量，颗粒强度及孔隙率降低，烧胀温度、表观密度及吸水率呈增加趋势。

4.8.3.3 用于制备微晶玻璃

铁合金废渣中，主要化学组成为 CaO、SiO_2、Al_2O_3、MgO 等，适用于制造微晶玻璃，并且这类微晶玻璃的主晶相中含有钙黄长石、硅灰石等，具有较好的耐磨性和较高的强度，可以代替天然石材用作建筑装饰材料。有学者认为碳铬渣和硅锰渣是较好的微晶玻璃原料，碳铬渣能促进玻璃析晶的能力，硅锰渣有较强的形成玻璃的能力，他们使用碳铬渣、硅锰渣和钠钙碎玻璃制成性能良好并具有装饰效果的微晶玻璃。有学者研究了利用镍铁渣及粉煤灰制备 CMAS 系微晶玻璃。以镍铁渣为主要原料，协同利用粉煤灰制备了性能良好的 CMAS 系微晶玻璃。

4.8.3.4 用于制备矿（岩）棉

矿渣棉主要化学成分为二氧化硅、三氧化二铝和氧化钙，其制品具有体积密度小、导热系数低、吸声隔音、耐热、不燃、抗冻、耐腐蚀、不被虫蛀、不怕老化等优良的化学稳定性等特性，被广泛地用于建筑和工业装备、海洋船舶、管道、窑炉的保温、绝热、防火、吸声、隔音、防噪等方面。有学者曾指出，利用铁合金炉渣生产矿棉制品，将给铁合金企业带来更大利润，直接生产矿棉是节能、减排、增效的好办法。

铁合金炉渣制备矿棉主要有冲天炉工艺和热渣直接生产工艺，传统冲天炉工艺能耗高。苏联在 20 世纪 60 年代就开展了液态镍铁渣生产矿棉的研究和工业实践，我国利用热渣生产矿棉制品的研究则起步较晚，2012 年，我国从日本引进了用高炉熔融炉渣作为原料的矿渣棉生产设备，同年，国内首条采用变频电磁感应炉，利用热态熔融镍铁渣生产矿棉的生产工艺研制成功。当前热渣法工艺成为目前国内研究的热点，有学者对比了矿渣棉和硅锰渣成分，矿渣棉酸度系数在 1.1~1.4 左右，岩棉酸度系数在 1.4~2.2 左右，硅锰合金渣酸度系数 1.6~2.2 占多数，其成分与其他工业废渣相比具有较大优势，其酸度系数平均达 1.996 左右，达到国外岩棉的酸度系数，具备生产高等级的岩棉制品的原料条件。并采用冲天炉传统工艺进行了工业试验，试验表明采用硅锰合金渣生产的矿渣棉指标完全满足建筑外墙保温用岩棉制品（GB/T 25975—2010）。有学者介绍了以锰系合金渣为原料生产矿棉的试验，结果表明锰渣是较好的制棉材料，成棉率高。通过调整硅锰合金渣和锰铁渣的成分，可以根据矿棉用途，调节混合渣的酸度来满足要求。要生产出合格的矿棉，渣液温度应在 1300~1500℃之间，MnO 含量为 6%~16%，酸度为 0.8~1.6。有学者研究利用镍铁渣制取无机矿物纤维，并应用于造纸及建筑保温材料。

4.8.4 铁合金渣利用发展趋势

随着国家可持续发展和循环经济理念的深入，铁合金炉渣综合利用要遵循“减量化、再利用、资源化”原则，形成再生循环利用的经济模式，通过资源的高效和循环利用，实现污染的低排放甚至零排放，保护环境，实现社会、经济与环境的可持续发展。

4.8.4.1 铁合金炉渣显热回收方向

我国每年产生大量铁合金炉渣，尤其是镍铁生产中，每生产 1t 镍铁，可产生 4~6t 镍铁渣。这些炉渣不仅影响环境，造成资源浪费，还浪费大量的热能。从理论上计算，铁合金厂每产生 1t 热渣所消耗的能量可折合到 260kg 以上的焦炭，处理 1t 热渣还要消耗 250kg 左右的水。显热回收是铁合金炉渣综合利用的重要方向。

4.8.4.2 制备高附加值产品

当前对铁合金炉渣简单填埋处理、制备普通的水泥、建材等利用方向，已远远不能满足当前国家的环保要求和可持续发展要求。利用铁合金炉渣生产微晶玻璃、矿（岩）棉等高附加值产品是当前也是今后铁合金炉渣综合处理的重点方向。

4.9 钒渣的利用

钒渣是对含钒铁水在提钒过程中经氧化吹炼得到的或含钒铁精矿经湿法提钒所得到的含氧化钒的渣子的统称，它是冶炼和制取钒合金和金属钒的原料。含钒铁水绝大部分由高炉冶炼，也有用电炉生产的。用含钒铁水生产钒渣的方法主要有氧气顶吹转炉提钒、摇包提钒和雾化提钒等工艺。世界钒需求量的80%来自钒钛磁铁矿，钒资源丰富的国家和地区有南非、美国、中国、前苏联和东欧诸国。

按 V_2O_5 含量的不同，国家标准将钒渣分成 6 个牌号，它们是钒渣 11（V_2O_5 10.0%~12.0%）、钒渣 13（V_2O_5 12.0%~14.0%）、钒渣 15（V_2O_5 14.0%~16.0%）、钒渣 17（V_2O_5 16.0%~18.0%）、钒渣 19（V_2O_5 18.0%~20.0%）以及钒渣 21（V_2O_5>20.0%）；对钒渣中 P、CaO 和 SiO_2 以及 Fe 的含量均有限制性的规定。钒渣中 V_2O_5 和其他组分的含量由铁水成分决定。铁水中的硅含量和钒含量是直接影响钒渣质量的首要因素：铁水中硅含量高和钒含量低时，则钒渣中 SiO_2 含量高和 V_2O_5 含量低；反之，则 SiO_2 含量低和 V_2O_5 含量高，即钒渣中 SiO_2 和 V_2O_5 成负相关关系；因此，为了保证钒渣品位，对含钒铁水的硅含量上限有严格限制。

钒渣用于生产片钒（V_2O_5）的代表性工艺流程如图 4-12 所示。

4.9.1 钠化焙烧提钒

针对含钒炉渣，目前最为成熟的方法是钠化焙烧提钒工艺，该工艺最早于 1909 年由美国学者 Bleecker 提出，后来国内外专家学者在此基础上进行了大量的研究。该法先将钒渣与钠盐在回转窑中进行氧化焙烧，然后将焙烧产物中的钒通过水浸、沉淀、煅烧等工艺得到 V_2O_5 产品。目前生产企业在焙烧过程中所选用的设备多为回转窑或者多膛炉，混料过程中选用的钠盐添加剂基本为氯化钠、硫酸钠以及碳酸钠。钒渣的氧化钠化焙烧过程中主要经历两种化学反应，即氧化反应和钠化反应。氧化反应中钒渣中低价氧化物被氧化为高价氧化物，钠化反应中钒氧化物与钠盐结合形成水溶性钠钒酸盐。该技术虽然成熟并具有许多优点，但也存在一些问题，例如：

（1）腐蚀性气体（HCl、Cl_2、SO_2、SO_3 等）排放量大，环境污染严重。

（2）原料适应性差，对钒渣中钙和硅的含量要求严格，钒渣中每增加 1%的氧化钙会造成 4.7%~9%的钒损失，水浸之后通常需要采用再次酸浸回收残钒。

（3）低熔点钠盐的加入使得炉料易结块，造成粘炉、回转窑结圈，影响生产顺行。

（4）提钒后的废水和废渣不易处理，废水中的铬和氨含量高，需要特别处理后才能排放；废渣中碱金属含量高，不容易实现资源综合利用。

钠化焙烧提钒工艺严重污染环境，特别是对大气的污染。国内空气质量日况低下，钠化提钒企业更是如履薄冰，“三废”处理成本显著提高，该工艺的局限性日益突出。

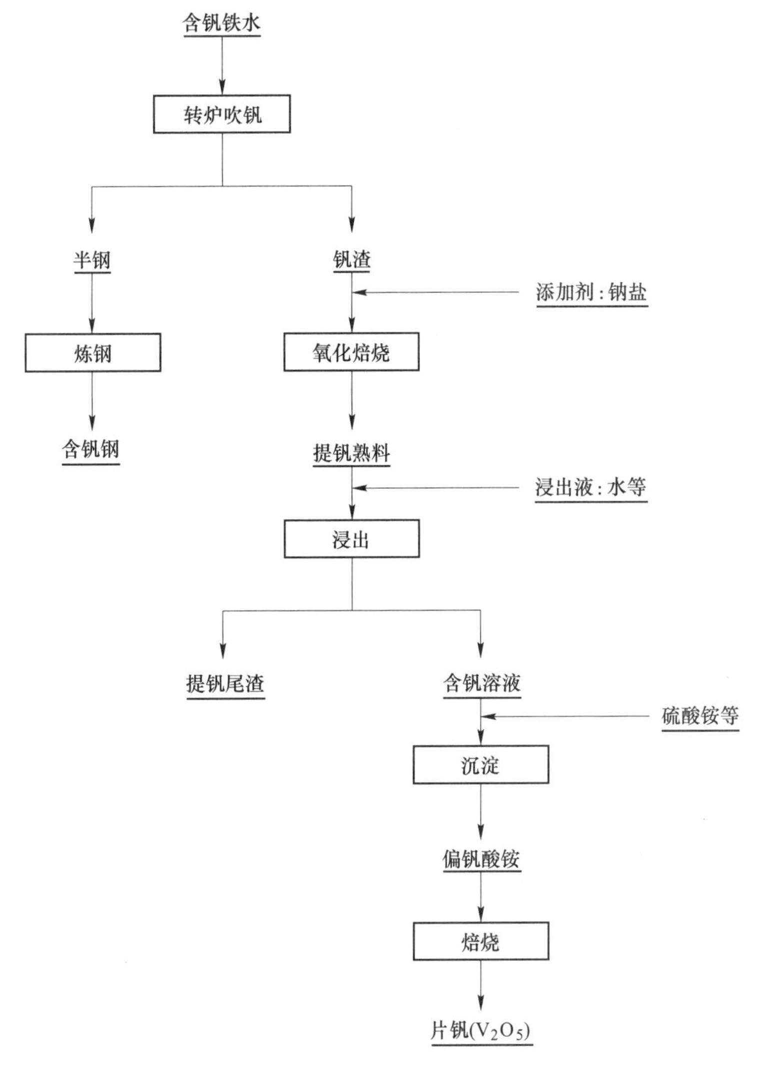

图 4-12 钒渣生产五氧化二钒工艺流程

4.9.2 钙化焙烧提钒

钒渣钙化焙烧提钒方法是另一种应用于工业生产的钒渣提钒工艺。该工艺方法焙烧过程中所用添加剂为钙盐，焙烧过程中渣中的低价钒（V^{3+}）被氧化为高价钒（V^{5+}），进而与钙盐添加剂发生反应生成钒酸钙（CaV_2O_6、$Ca_2V_2O_7$ 和 $Ca_3V_2O_8$），浸出过程中通常采用稀硫酸浸出，利用硫酸根与钙离子发生反应生成比钒酸钙更稳定的硫酸钙从而将钒析出。类似于钠化焙烧反应，钙化焙烧反应中同样存在两种化学反应，即氧化反应和钙化反应。不少文献报道了使用石灰或石灰石代替钠盐从含钒原料中提取五氧化二钒。比较典型的工业案例是 1974 年苏联图拉厂的钙化提钒工艺的建成投产，即采用了钙化焙烧—硫酸浸出—水解沉钒工艺从钒渣中提取五氧化二钒，因此该工艺又称为图拉石灰法。相比钠化焙烧提钒工艺，钙化焙烧提钒工艺具有如下优点：

（1）焙烧工序中无腐蚀性气体排放，回转窑结圈现象减轻，焙烧工序更加清洁高效；

（2）降低了吹钒工序前对铁水预处理工艺的要求和提钒工艺对钒渣中钙硅等成分的限制；

（3）沉钒废水可以全部在提钒厂内循环，废水处理成本大幅度下降，提钒尾渣不含碱金属，容易进行回收利用。

在 20 世纪 90 年代，攀钢就对该工艺进行过研究，但因沉钒产品中 V_2O_5 含量低和残渣过滤困难等问题使得该法未能在我国工业化应用。近年来，随着环保法规越来越严格，主流的钠化焙烧提钒工艺的环保成本越来越高，相对清洁的钙化焙烧提钒工艺逐渐受到了重视。为实现钙化提钒工艺在国内产业化，攀钢研究院、承德钢铁公司、重庆大学、中国科学院过程工程研究所等单位也积极地开展了相关的实验室研究工作。2005 年至 2009 年期间，攀钢再次对该工艺进行了研究，解决了产品 V_2O_5 含量低和残渣过滤困难的问题，并在四川省成都市建立了 500t/a V_2O_5 的中试线。根据中试研究工作，于 2011 年 10 月，在其西昌基地建立了钒渣钙化焙烧工艺生产线，经过了多轮次的工业实验，工艺流程已经打通，但目前最大的问题是钙化提钒工艺中钒元素转化率偏低，现阶段的工艺水平仍然无法取代钠化提钒工艺。

4.9.3 亚熔盐法提钒

中国科学院过程工程研究所张懿院士团队提出了亚熔盐法提钒。亚熔盐定义为提供高化学活性和高活度负氧离子的碱金属高浓度离子化介质，具有低蒸气压、沸点高、流动性好等优良物化性质和高活度系数、高反应活性、分离功能可调等优良的反应和分离特性。亚熔盐法提钒工艺流程首先将钒渣在氧气气氛下，使钒渣中的钒和铬溶解到高浓度的 NaOH 亚熔盐中，大部分的硅也进入了含钒溶液中，通过除硅，分步结晶得到 Na_2CrO_4 和 Na_3VO_4，然后进一步制取 Cr_2O_3 和 V_2O_5 产品。

与传统焙烧技术相比，亚熔盐法提钒技术可使钒回收率由传统钠化焙烧提钒工艺的 80%提高到 95%以上，尾渣含钒量（以 V_2O_5 计）可降至 0.5%以下；铬由基本不回收提高至回收率 85%以上；可实现尾渣综合利用，通过亚熔盐法，钒、铬可被有效提取，大部分硅也可被回收，尾渣经洗涤和脱碱后成为富含铁的超细粉体（$Fe_2O_3 \geqslant 60\%$），可用作炼铁的原料；亚熔盐反应介质可实现内循环，原材料消耗小，但该工艺尚处半工业试验中，其经济性和环保性仍需进一步的工业数据支撑。

4.9.4 锰化焙烧提钒

针对我国工业提钒流程的发展及研究现状，为解决整体钒收率低的问题、钠化/钙化提钒法存在的污染问题、提钒尾渣难处理问题等，东北大学提出一种新颖的钒渣提钒方法即锰化焙烧提钒法，该法将钒渣进行锰化氧化焙烧后采用稀硫酸浸出。该处理工艺通过改进前端锰钒渣的制备及后端空白无盐焙烧，可实现钒整体收率的提高。另外，浸出后尾渣不含钠离子，可直接进入烧结，达到尾渣零排放，且直接高效循环利用。

4.9.5 其他提钒方法

由于钠化焙烧法和钙化焙烧法均需要高温焙烧，会存在焙烧过程的传质障碍和不同程度的炉料结块、回转窑结圈等问题，一些学者提出了无盐焙烧提钒技术。通过氧化焙烧将钒渣中的三价钒转化为碱溶性四价、五价钒化合物，然后采用 NaOH 溶液加压浸出。在浓度为30%的 NaOH 溶液中，180℃浸出 2h，焙烧熟料中钒浸出率可达95%以上，尾渣中的 V_2O_5 降低至 0.5%以下。无盐焙烧虽然可以省去焙烧添加剂，减轻炉料烧结，但仍需要较高的焙烧温度（800℃左右），较高的浸出温度，而且加压浸出设备的投资较大，浸出液杂质含量较多，后续净化提钒工序复杂。

由于钒渣焙烧工序能耗较大，攀研院对攀枝花钢铁集团钒业公司的转炉钒渣进行了无焙烧直接硫酸加压浸出提钒实验，结果表明：在最优工艺条件，浸出温度 130℃、浸出时间 90min、初酸浓度 200g/L、液固比 10∶1、搅拌速率 500r/min，钒浸出率为 96.93%，铁浸出率为 92.33%，钛浸出率为 15.95%。但后续需采用溶剂萃取法进行钒的回收，萃取剂消耗较大，经济指标不理想。

此外，重庆大学等也开展了大量的镁法提钒方面的研究。

4.10 提钒尾渣的利用

长期以来，很多学者围绕提钒尾渣的综合利用进行了多方面的研究，主要集中在从提钒尾渣中提取残钒、铁、钛、镓，脱除有害元素钠、铬等，制备钒钛黑瓷建筑材料、远红外涂料、转炉造渣剂等。

另外，河钢承钢等利用钒钛矿的钢铁企业将含铬提钒尾渣返回烧结制备烧结矿，循环进入钢铁流程，规模化消纳该类固废的过程中，充分利用了铁、钒、铬等有价组元。

4.10.1 提钒尾渣的产生

钒渣经焙烧、浸出、过滤所得的废渣即为提钒尾渣，其中含有一定量的 V_2O_5。以 V_2O_5 含量在 10%以上的钒渣为原料每生产 1t V_2O_5，约产生提钒尾渣 10t。目前，我国钒企业每年约排出 60 万吨的提钒尾渣，其中攀钢和承钢每年的排放量占总量的近 80%。

对提钒尾渣进行综合利用，不仅可以回收其中的有价金属，避免资源浪费，而且可以为企业增加经济效益，减少环境污染。提钒尾渣中以可溶的毒性 Cr^{6+}、V^{5+} 等对人体健康危害最大，如果直接堆放，不仅占用场地，而且需要浇筑 200mm 厚混凝土的排渣场，否则严重影响周围的生态环境。在堆存期间仍需要对排渣场进行定期维护，防止废水的外排和山体滑坡，长期治理费用庞大。

4.10.2 提钒尾渣的组成

钒渣经过钠化或者钙化焙烧和浸出提钒后，提钒尾渣的主要物相由原渣的尖晶石相和橄榄石相分解氧化为赤铁矿、铁板钛矿和辉石相。在传统的钠化焙烧法和钙化焙烧法提钒过程中大部分的钒被回收，但绝大部分的铬，几乎全部的铁和钛仍留在尾渣中。提钒尾渣主要元素为：Fe、Si、Ti、Mn、Al、Ca、Mg、V、Cr、Na，其化学成分如表 4-13 所示。

表 4-13 提钒尾渣的化学成分 (%)

TFe	MFe	FeO	SiO_2	Cr_2O_3	V_2O_5	Na_2O	TiO_2	Al_2O_3	MgO	CaO
29.91	2.13	3.84	18.21	5.94	1.70	4.07	4.12	1.67	3.04	2.47

4.10.3 提钒尾渣回收有价组分

回收有价组分是实现提钒尾渣资源化综合利用的首要任务。目前，有学者对提钒尾渣中的铁、钒、镓等元素的回收利用做了较为详细的研究。

4.10.3.1 回收钒

提钒尾渣中含有1%~3%的 V_2O_5，基本高于钒钛磁铁矿精矿中钒的含量，均具有较高的回收价值，可作为进一步提钒的原料。从提钒尾渣中再提钒的研究主要有：生产低钒铁、钠化焙烧、酸浸法等。

提钒尾渣可作为低钒铁的生产原料。采用火法处理，即利用电炉碳热法熔炼提钒尾渣，碱度控制在0.6~1.1，高温条件下用焦粉作还原剂还原尾渣中铁氧化物和部分钒氧化物，用硅铁渣作贫化期的还原剂还原尾渣中的钒氧化物，可生产出含钒1.5%以上的含钒生铁。该方法钒的回收率可达到89%以上。

钠化焙烧法主要是在原钠化焙烧基础上的改进，如将钒渣粒度磨细至尖晶石粒径的2~3倍以促进钒的溶出，或对钠盐添加剂进行改进和优化（如添加钾盐、过氧化物等与钠盐的混合物作为添加剂）等，以尽可能提高钒的提取率、降低含钒尾渣的毒性，但以上基于钠化焙烧的改进方法均未在提钒效果上取得实质性突破，钒提取率小于40%，且焙烧过程能耗高、经济性差。

酸浸提钒过程是采用硫酸或氢氟酸在加压或常压条件下酸浸提钒，该方法钒提取率可达80%，浸出时间短，但Fe、Al、Ti等杂质也进入溶液，浸取液成分复杂，后续分离难度极大，且酸浸过程腐蚀强，对设备材质要求较高。

4.10.3.2 回收铁

提钒尾渣中铁质量分数为35%~45%，且大多以赤铁矿的形式存在，属于一种极具利用价值的二次铁矿资源。因此，铁组分的高效回收也是提钒尾矿综合利用效率的关键考核指标。提钒尾渣回收铁的工艺方法主要有直接选矿法、磁化焙烧法、配矿炼铁、直接还原法等。

直接选矿法是将提钒尾矿磨细，再通过重选、浮选和磁选等选矿技术使尾渣中的含铁相与其他矿物分离。直接通过选矿方法对提钒尾渣进行铁的回收，铁回收率不超过50%。

磁化焙烧法是将提钒尾渣还原焙烧，使其中的 Fe_2O_3 转变成强磁性的 Fe 或 Fe_3O_4，然后进行磁选分离，获得含铁物料。该法的铁回收率较高，可达到80%以上，且获得的含铁物料可用作炼铁原料或炼钢用冷却剂等。

提钒尾渣返回烧结循环利用可制备烧结矿用于高炉炼铁、生产耐磨铸件、含钒生铁等，受尾渣中碱金属含量高的影响，会造成高炉结瘤、恶化高炉料柱透气性、侵蚀炉衬，进而影响高炉顺行，且弃渣中含铁量过低，也限制其作为大宗炼铁原料。针对碱金属的问题，可提前进行脱除。

提钒尾渣中的碱以钠碱为主，主要有两种赋存状态，一种是以 Na_2CO_3、$NaAlO_2$、$NaHCO_3$ 等状态存在的可溶性碱物质，经水洗可脱除；另一种是以 $Na_2O \cdot Al_2O_3 \cdot 2SiO_2$，$Na_2O \cdot Al_2O_3 \cdot 2SiO_2 \cdot xH_2O$ 和 $NaFeSi_2O_6$ 等状态存在的不可溶性碱物质，其中的部分 Na^+

在一定条件下可通过离子交换被 Ca、Mg 等置换出来，形成更稳定的不溶物或络合物。即提钒尾渣脱钠的技术路线是先通过引入其他碱性物质，改善其整体可溶性，常用的碱性物质有 CaO 和 MgO 等。然后，在新的碱性浆体中，Na^+被其他离子置换能力更强的游离阳离子置换，实现提钒尾渣中钠的脱除。

直接还原法是将提钒尾渣进行金属化还原后进行分离得到含钒铁相，用于炼钢用冷却剂。但该方法存在操作工艺复杂、流程长、反应温度高、钒回收率低于 50%的问题。

4.10.3.3 回收镓

目前，从提钒尾渣回收镓的方法主要有压煮浸出法、氯化挥发法和还原-电解技术等，均处于实验室研究阶段。

压煮-浸出法主要考虑镓可以在碱溶液中压煮浸出，浸出率为 60%左右，而铁与碱不反应，从而实现镓、铁的分离。压煮-浸出法分离镓铁效果不理想，且成本高。

氯化挥发法是利用含镓氯化物沸点较低的特点，将 NaCl 或 $CaCl_2$ 掺入提钒尾渣或含镓钒渣中，并在 1000~1200℃的温度下焙烧，使镓转化为 $GaCl_3$ 进入烟尘富集回收。该法镓的氯化挥发率也在 60%左右，同时过程中会产生 Cl_2、HCl 等有害气体腐蚀设备。

还原-电解技术包括炭粉还原-铁电解-阳极泥酸浸-萃取-镓电解这一整个工艺流程，可同时回收提钒尾渣中的铁和镓。

此外，熔融还原法，镓的提取率低，仅为 70%左右；还原熔炼法有技术可行性，但电能消耗太大。

4.10.3.4 回收铬

提钒尾渣中铬的回收方法主要有湿法浸出和碳热还原等。

湿法浸出回收铬是利用浓度为 80%的硫酸对提钒尾渣进行浸铬，同时钒也被浸出，然后对浸出液进行三级萃取并反萃，萃余液水解后可得到品位为 90%左右的 Cr_2O_3 产品。

提钒尾渣碳热还原脱除铬是将铬铁矿和提钒尾渣混合碳热协同还原，随着温度的升高，首先将氧化铬和氧化铁还原为碳化铬和碳化铁，然后进一步还原为金属铬和铁。铬和铁的回收率均超过 95%。

4.10.4 提钒尾渣制备建筑材料

提钒尾渣不仅含较多的硅，还有钙、铁、铝等金属，其组成与一般建筑材料的组成类似。因此，可利用提钒尾渣等冶金固废制备地聚物、建筑用砖等建筑材料。

提钒尾渣和赤泥均含硅酸盐、铝硅酸盐矿物，具备生产地聚物的基本条件。对它们进行煅烧活化后，在碱激发剂的作用下可制备出地聚物，并通过混合煅烧能有效提高提钒尾渣和赤泥的活性，增强地聚物强度。

提钒尾渣制备的建筑用砖主要有免烧砖、蒸压砖和烧结砖，其中免烧砖的制备工艺最为简单。

利用提钒尾渣还可制备水泥混凝土和陶粒等，但提钒尾渣本身潜在的经济价值没有充分发挥。

4.10.5 提钒尾渣制备功能材料

提钒尾渣含有大量的有价元素，多种元素的综合作用可使提钒尾渣制备出具有特殊功能的材料，如特殊固体材料、涂层材料等。

提钒尾渣可制备多种固体材料，比较常见的有低钒铁、中空 Fe_2O_3 和多孔陶瓷。提钒尾渣制备低钒铁的工艺流程较为简单，在碱度为 0.6 以上、高温条件下用焦粉作还原剂还原尾渣中铁氧化物和部分钒氧化物，用硅铁渣作贫化期的还原剂还原尾渣中的钒氧化物，可生产出含钒 1.5%以上的低钒生铁。提钒尾渣制备中空 Fe_2O_3 主要是通过加压酸浸后将浸出液进行煅烧得到球粒状 Fe_2O_3。提钒尾渣制备多孔陶瓷主要通过加入结合剂、黏土、减水剂和造孔剂混合后采用注浆成型工艺。提钒尾渣在生产光转化产品和陶瓷产品方面，研究制备得到钒钛黑瓷产品包括建筑装饰板、太阳板和远红外辐射板。

利用提钒尾渣制备的涂层材料主要有远红外涂料和防脱碳涂料。对提钒尾渣进行热处理和改性，再通过设计成分配比，可配制出红外全发射率为 0.84、最高耐火温度为 1280~1310℃的远红外涂料，可用于中高温工业窑炉。利用提钒尾渣配制的防脱碳涂料在钢坯表面的涂刷性能良好，黏附性能良好，重轨钢坯加热前、后涂料未产生脱落、裂纹等现象，急冷后涂料充分剥离，说明涂料的涂覆性能和自剥落性能良好，且涂刷涂料的钢轨表面脱碳层厚度达到了新标准规定的要求。

4.10.6　提钒尾渣综合利用

提钒尾渣还可以经金属化还原-电炉熔分获得高钒高铬生铁、用于炼钢冷却剂或转炉吹钒渣控温氧化冷却剂，熔分得到的硅钛渣提钛后用于制备发泡陶瓷，其工艺流程如图 4-13 所示。

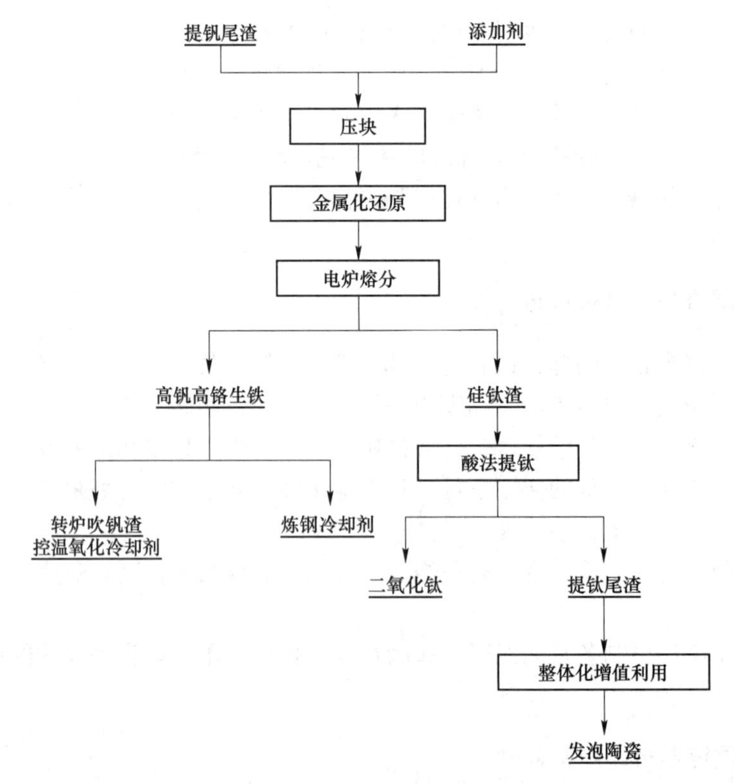

图 4-13　提钒尾渣综合利用流程

4.11 钒铬泥的利用

4.11.1 钒铬泥的产生

钒钛冶炼企业目前主要采用化学还原沉淀法处理沉钒废水。沉钒废水中加入还原剂（比如焦亚硫酸钠），将六价铬变为三价铬、五价钒变为三价或四价钒，再往废水中加入氢氧化钠溶液调节 pH 值约为 8，使钒、铬形成沉淀物。沉淀物在浓缩池内经浓缩后打入板框压滤机进行压滤，得到的滤饼即为钒铬泥（也称钒铬还原渣、钒铬渣等），其含水量约为 70%。

由于世界范围内钠化焙烧-水浸提钒法的应用十分广泛，钒铬泥的产生量不容小觑；我国每年钒铬泥的产生量约为 5 万吨，主要产生于攀钢、承钢、承德建龙、黑龙江建龙、锦州铁合金厂等。

4.11.2 钒铬泥的组成

钒铬泥组成复杂，主要由无定型氢氧化铬、三价及四价钒酸盐、铁氢氧化物及水溶性硫酸盐组成。不同钒生产企业因钒渣原料、工艺参数不同，钒铬泥组成也不相同，其大致范围如表 4-14 所示。

表 4-14 钒铬泥化学组成 （%）

TCr	TV	TFe	SiO_2	CaO	Al_2O_3
20~30	1~4	0.2~1	1.1~6.4	<0.5	<0.5

钒铬泥中铬含量高，其综合利用价值最高；由于钒价格高，钒的综合利用价值也较高。由于钒铬泥含有大量的铬和钒，堆存过程中在雨水侵蚀以及空气氧化作用下，会产生高毒性六价铬，且六价铬、五价钒及水溶性盐类易与雨水一同渗入土壤及地下水系，导致对环境造成极其严重的污染。因此，急需实现钒铬泥的资源化利用。

4.11.3 钒铬泥的利用

目前，钒铬泥的资源化利用技术研究主要包括以下几类：(1) 钒铬不分离直接转化为产品，如冶炼钒铬合金法； (2) 由于钒的价值高而进行二次提钒，如氧化-碱浸法；(3) 同步提取钒、铬，如酸浸法；(4) 铬钒铁络合深度分离法。

4.11.3.1 冶炼钒铬合金法

冶炼钒铬合金法是将钒铬泥在高温下先除去硫、磷等杂质，然后用还原剂将钒、铬、铁还原为金属单质，进而得到钒、铬等多元合金。

4.11.3.2 氧化-碱浸法

钒铬泥氧化-碱浸法利用碱性条件下钒比铬容易氧化浸出的特点实现钒、铬的分离及钒的回收。依据氧化方法不同，可以将钒铬泥氧化碱浸方法分为：高温氧化焙烧、氧化剂湿法氧化、电化学氧化等。

在高温氧化焙烧过程中将钒铬泥中的钒铬转化为氧化物，因钒氧化物易于碱浸，而铬氧化物较难浸出，可以采用碱浸方法选择性提钒，钒的碱浸液加硫酸进行酸性铵盐沉钒，钒转化为偏钒酸铵进一步得到钒产品。有研究将钒铬泥在850℃下煅烧后在 NaOH 溶液中90℃条件下浸出，结果表明：钒的浸出率可达87.3%，且铬浸出率小于1%。

采用氧化剂（如氧气、H_2O_2、$KClO_3$ 等）在钒铬泥碱浸过程进行氧化，将钒铬泥中的钒氧化，使钒选择性浸出。如有研究采用氧化碱浸法回收钒铬泥中的钒，氧化剂为 H_2O_2，钒铬泥在 80g/L NaOH 溶液中浸出，其钒浸出率可达80%～90%，V_2O_5 产品纯度大于99%，且浸出尾渣铬得到富集可用于提取铬。

低价态钒 V(Ⅲ)、V(Ⅳ) 在电场条件下被氧化为 V(Ⅳ)，再在碱性条件下选择性浸出钒。采用电化学氧化，有研究表明钒浸出率可达91.7%。电场强化选择性浸出钒可有效提高钒的浸出率，且用电力取代化学品的消耗，实现了节能减排。

4.11.3.3 酸浸法

酸浸法又可以分为焙烧-酸浸法和直接酸浸法。焙烧-酸浸法中钒铬泥经焙烧后低价的钒、铬被氧化为高价，后在硫酸溶液中浸出。直接酸浸法中钒铬泥在破碎研磨后直接在硫酸溶液中浸出。

将钒铬泥在破碎研磨后直接硫酸浸出，浸出液用 MnO_2 选择性氧化 V(Ⅳ) 为 V(Ⅴ)，然后调节溶液的pH值为2左右水解沉积，对沉钒后的滤液中和水解沉淀铬，最终得到 V_2O_5 和 Cr_2O_3 产品。结果表明，钒、铬的酸性浸出率可达到90%和97%；经 MnO_2 氧化，V(Ⅳ) 的氧化率为96.9%，而 Cr(Ⅲ) 几乎未被氧化，得到的 V_2O_5 纯度达到99.1%，Cr_2O_3 纯度达到99.3%；钒和铬总回收率分别为86.5%和96.9%。

4.11.3.4 络合深度分离法

络合深度分离法工艺过程如下：在酸性体系有机络合剂二硫代氨基甲酸盐对钒、铁都有强络合作用，且生成不溶性的络合物，可实现酸性铬、钒、铁溶液中铬和钒、铁的分离。钒、铁络合物在碱性条件下发生解络合反应，解络合后的络合基团与钒进入液相，铁转化为水合氧化铁沉淀，从而实现了铬、钒、铁的分离。进一步通过向解络合溶液中加入钙质沉淀剂分离钒和络合剂，实现钒的回收以及络合剂的再生。有学者研究表明，该法钒、铬工业回收率均在85%以上。

4.12 镍铁渣的利用

4.12.1 镍铁渣的产生

镍铁渣是冶炼镍铁合金产生的工业固体废弃物，镍铁合金火法冶炼工艺主要包括高炉冶炼和电炉冶炼，产生的废渣分别对应高炉镍铁渣和电炉镍铁渣。近年来，我国镍铁渣年排放量达3000万吨。大量镍铁渣堆砌处理或深海填埋，不仅占用土地、污染环境，还给镍铁冶炼的可持续发展带来严峻挑战。因此，大力开展镍铁渣综合利用的研究对我国乃至世界的镍铁行业意义重大。

4.12.2 镍铁渣的组成

4.12.2.1 化学组成

高炉镍铁渣和电炉镍铁渣化学成分中氧化物种类相似，但含量却明显不同。高炉镍铁

渣中化学成分以 SiO_2、Al_2O_3、CaO 为主，次要成分是 Cr_2O_3、MgO、FeO、SO_3 等，属于 SiO_2-Al_2O_3-CaO 系，CaO 含量一般在 20%左右，铁含量较低，其具有一定的潜在活性。电炉镍铁渣中化学成分以 SiO_2、MgO、FeO 为主，次要成分是 Cr_2O_3、Al_2O_3、CaO、SO_3 等，属于 SiO_2-MgO-FeO 系，相比较于高炉镍铁渣，其最大的特点是 MgO 含量高达 20%、CaO 含量低于 10%，铁含量较高，其具有潜在活性低、易磨性差、利用成本高。两类镍铁渣化学成分具体见表 4-15。

表 4-15　镍铁渣化学组成　（%）

种类	SiO_2	Al_2O_3	CaO	MgO	FeO	Cr_2O_3	SO_3
高炉镍铁渣	35.70	28.03	21.56	9.83	1.73	0.94	0.09
电炉镍铁渣	50.11	5.27	8.14	25.60	6.44	1.92	0.07

4.12.2.2　*矿物组成*

高炉镍铁渣和电炉镍铁渣在水淬冷却过程中均析出较多的玻璃体，属于潜在活性成分，不同之处在于二者中的晶体组分。高炉镍铁渣析出晶体以硅酸二钙、硅酸三钙、尖晶石等矿物相为主，其中硅酸二钙、硅酸三钙属于由高活性矿物组分；电炉镍铁渣析出晶体主要为镁（铁）橄榄石，其活性较低，综合而言矿物组成上的差异导致二者的活性不同。此外，在镍铁渣利用的研究过程中，鉴于镍铁渣中的 MgO 都是以镁橄榄石或尖晶石的形式稳定存在，而非以方镁石的形式存在，难以产生类似的体积膨胀问题，因此其安定性风险也较小，相关研究人员的成果也验证了镍铁渣不存在安定性问题。

4.12.3　镍铁渣的利用

目前国内镍铁渣主要是腐殖土型的红土镍矿在电炉还原熔炼镍铁的过程中产生的，其主要的矿物组成是 $2MgO \cdot SiO_2$、$FeO \cdot SiO_2$ 和 $MgO \cdot SiO_2$，其可回收有价金属较少，镁高钙低，活性低、稳定性差、综合利用渠道成本较高。

4.12.3.1　*镍铁渣用于生产水泥*

我国对镍铁渣在水泥混合材方面的利用研究起步较晚。高炉镍铁渣因具有潜在胶凝活性，磨细成微粉可以作为水泥活性混合材使用。电炉镍铁渣因潜在活性低、易磨性差，细磨至微粉后可分为三个方面应用：其一，在碱激发条件下作为活性混合材使用；其二，直接作为低活性或非活性混合材使用；其三，搭配其他活性混合材使用。例如有研究表明，电炉镍铁渣经过辊磨后比表面积达到 300~500kg/m^2，对应的 28 天活性指数为 70%~85%，可替代水泥含量约 30%。

4.12.3.2　*镍铁渣用于制备混凝土*

混凝土生产中，将镍铁渣作为混凝土掺合料和集料，可节约水泥、砂石，降低生产成本，提高废渣的利用率，具有良好的经济和社会效益。金川镍钴研究设计院在镍铁渣制备水泥混合材的研究过程中发现，镍铁渣粉在水泥中添加量达到 25%时，水泥各项指标符合 P.O32.5 水泥的要求。另有研究表明，电炉镍铁渣替代天然砂作细集料时，混凝土和易性良好，提高混凝土强度，最佳掺量为 30%；电炉镍铁渣替代碎石作粗集料时，混凝土和易性仍较好，强度提高，替代率可达 100%。

4.12.3.3 镍铁渣用于制备新型墙体材料

利用固体废弃物制备新型墙体材料具有高强、节能、环保等优点，有效减少环境污染，节省大量的生产成本，若以镍铁渣代替砂石或部分水泥用作骨料或胶凝材料来制备新型墙体材料，具有较高的经济和环境效益；同时鉴于电炉镍铁渣中镁含量高的特点，可用于制备镁系耐火材料及保温材料。有研究利用镍铁渣制备出了高强砖、复合辅助胶凝材料、免烧砖及发泡陶瓷等。例如，有研究以电炉镍铁渣、高岭土为主料，碳酸钠为发泡剂，在1050~1150℃左右条件下烧制成镁橄榄石-尖晶石泡沫陶瓷，镍铁渣掺量可以达到50%。

4.12.3.4 镍铁渣用于制备微晶玻璃

生产微晶玻璃是一种高效利用固体废弃物的新方法，其中，$CaO-MgO-Al_2O_3-SiO_2$ 系的微晶玻璃是一类研究的热点。有研究采用镍铁渣、粉煤灰等为原料制备了性能良好的 $CaO-MgO-Al_2O_3-SiO_2$ 系微晶玻璃。实验发现，镍铁渣掺量对制得的微晶玻璃性能有很大的影响。当镍铁渣掺量增加时，微晶玻璃中的镁、钙离子数量增加，其中钙长石和顽辉石相对含量增大，而石英和尖晶石相对含量减少，微晶玻璃微观结构更加致密。

4.12.3.5 镍铁渣用于制备无机矿物纤维

有研究表明，由于镍铁渣的化学组成和物相组成接近辉石，含60%（SiO_2 和 Al_2O_3）左右的镍铁渣在高温时黏结性较强。在生产温度范围内镍铁渣熔体具有很高的成纤特性，通过垂直喷吹法和离心喷吹法不需添加炉料便可获得镍铁渣纤维。镍铁渣纤维的耐热性，在腐蚀介质中的化学稳定性比高炉渣矿物纤维更高。目前国内已经可以利用镍铁冶炼电炉高温熔融炉渣直接生产超细纤维纸浆和超细无机纤维。沈阳有色金属研究院利用镍铁渣在1600℃的温度下造渣，将所得的镍铁渣添加5%的CaO，成功制得无机矿物纤维。在造纸过程中添加45%无机矿物纤维制得的箱板纸符合国家B类标准。另外，为了拓展镍铁冶炼渣矿物纤维的应用，有学者进行了镍铁冶炼炉渣矿物纤维表面改性的研究，测试了改性前后矿物纤维的活化指数。

4.12.3.6 镍铁渣用于提取有价组分

镍铁渣中的Ni主要赋存于FeNi合金相中，而Cr主要赋存于二价铁的铁酸盐（$Cr_{1.1}Fe_{0.9}MgO_4$）中，通过磁选可将镍铁渣中的Ni、Cr分离。

镍铁渣中MgO的含量很高，有研究根据皮江法原理，以铝硅铁为还原剂，用真空热还原法将镁从氧化镁中还原出来。

镍铁渣含有镍、钴、铜等金属，采用化学分离法，通过酸浸、金属盐的分离、精制转化等可生产出各自的盐类物质。

4.13 稀土渣的利用

4.13.1 含稀土高炉渣的利用

包钢年产含稀土的高炉渣约400万吨，其化学组成如表4-16所示。由表4-16可知，包钢旧高炉渣中钍、氟、稀土品位高，旧高炉渣的堆放不仅仅是对资源的浪费，而且对周围居民生活造成粉尘污染和放射性物质污染，氟会对地下水造成严重污染。包钢新高炉渣氟和钍减少，符合工业固体废物利用与建筑行业要求，提高了高炉渣的开发利用。

表 4-16 含稀土高炉渣的化学组成 (%)

年份	CaO	SiO_2	Al_2O_3	MgO	MnO	FeO	S	F	Re_xO_y	ThO_2
1959~1994	42~49	20~28	7~9	2~4	0.4~1.7	0.2~0.4	0.9~1.4	9~15	3~7	0.028~0.045
1994~至今	38~40	30~32	7~9	4~6	1~1.8	0.8~1.2	0.7~1.3	5~7	2~4	0.013~0.028

包钢新高炉渣主要含有硅酸钙、透辉石、枪晶石，包钢旧高炉渣主要含钙铝榴石、硅灰石和透辉石以及少量的萤石、硅镁石及磁铁矿等。包钢旧高炉渣中稀土主要以分散形式分布于钙铝榴石中，对于这部分稀土理论上无法通过选矿的方式进行回收。另外约有一部分稀土以独立矿物形式存在，这些独立矿物大多为铝钛稀土化合物，含少量独居石，前者为冶炼过程中新生成的物质，后者为未反应完全的残留原生矿物。这些稀土矿物粒度普遍较细，多在 0.005mm 以下，常以微粒包体的形式包裹于钙铝榴石、硅灰石及透辉石物质中。

另外，包钢旧高炉渣的熔化温度在 1140~1150℃，包钢新高炉渣的熔化温度在 1290~1310℃。

现阶段，包钢高炉渣主要用途包括：生产水泥；用于工程回填与道路基层的材料；用于生产矿渣棉；用于冶炼稀土合金；用于制备氯化稀土。

20 世纪 50 年代，中国科学院的邹元曦课题组与包钢合作，研究提出了用还原剂为 75%的硅铁，在电弧炉中发生还原反应，在反应过程中炼铁高炉渣中的稀土被回收，得到了稀土硅铁合金。近年来，有研究采用稀土富渣用电弧炉冶炼其他稀土合金，如稀土硅钡镁合金等。

以稀土渣为原料制备氯化稀土的工艺流程为：稀土渣→破碎球磨→化学选矿→硫酸浸出→中和除杂→溶剂萃取和盐酸反萃→化学处理→氯化稀土产品。其特点在于以稀土渣为原料采用化学处理富集和溶剂萃取提纯，此法与原矿经选矿再用烧碱法生产氯化稀土的传统工艺相比，具有流程简单、投资少、稀土回收率高的特点。

4.13.2 稀土硅铁冶炼渣的利用

我国每年生产的稀土硅铁大约在 5 万吨。以电硅热法计算，将产生冶炼渣 10 余万吨，其主成分为 CaO 50%~60%、SiO_2 0%~26%、REO 6%~8%以及铁、铜、锌、镁等微量元素。稀土硅铁合金冶炼渣的利用途径包括：制备复合稀土微肥；用作玻璃澄清剂及用于生产塑料玻璃、玻璃球、平板玻璃等产品；用于生产陶瓷、水泥、砖瓦、砌块等；用于炼钢脱氧剂；用于二段还原新工艺。

炼钢脱氧多采用硅、钙、钡、铝等元素组成的中间合金，而稀土硅铁冶炼渣中含有这些元素，还有少量氟化钙，在高温下有一定搅拌作用，有利于钢铁溶液的流动性。在铸造中，适量加入稀土硅铁冶炼渣，也可起到增硅、脱硫、脱磷，改善铁水质量的效果。

稀土硅铁冶炼渣制备高效复合稀土微肥的主要工艺路线为："HCl+H_2O+棉籽饼或豆饼+稀土硅冶炼渣—入反应釜+蒸气、回流—澄清后分离为渣（可做底肥）+成品（液态灌装）液肥中含 RE 在 0.5%左右"。在江浙等地推广应用后，统计显示：在小麦、水稻、茶叶等农作物中可增产5%~20%，尤其是经济作物类，增产更为明显，使用方法简便易懂，且适用于灌施、喷施。在林木、果木、苗圃上应用潜力很大。

4.14 热镀锌渣的利用

4.14.1 热镀锌渣的来源

钢板、钢管型材为防腐而进行热镀锌时会产生锌渣，包括底渣和浮渣。底渣由于在锌锅底部无法直接捞取，一般在锌锅中加入锌铝合金使底渣变成浮渣进行捞取。热镀锌渣通常指的是浮渣，其主要成分为锌、铁、铝。热镀锌渣形成后会导致锌液的流动性变差，使镀层变厚，降低锌的利用率，产生锌渣缺陷，影响镀层的质量。

我国每年产生锌渣量约为10万吨。热镀锌渣为含锌量90%~95%的高纯再生锌资源，钢厂对热镀锌渣传统处理方式主要为直接销售，其资源化利用方式有待提高。

4.14.2 热镀锌渣的利用

目前热镀锌渣的回收方法主要包括以下几种方式：精馏法、化学法、电解法、蒸发法、维尔兹法。

4.14.2.1 精馏法

精馏法又称连续分布精馏法，是利用蒸馏的原理进行粗锌精炼生产锌锭的方法。该方法利用锌与锌渣中其他金属沸点不同，在密闭精馏塔内通过蒸发、冷凝、回流等连续分馏过程。鞍钢、武钢先后采用塔式锌精馏炉，此方法处理热镀锌渣，直收率在80%以上。采用精馏塔蒸馏可提炼出高质量的0号锌锭，也可产生纯度相当高的锌蒸气。锌蒸气冷凝铸锭后可得锌锭，锌蒸气冷凝粒化可得锌粉，锌蒸气氧化可得氧化锌。

4.14.2.2 化学法

将热镀锌渣用浓酸溶解，冷却过滤后杂质元素都转化为其自身的盐溶液。采用黄钾铁矾法使溶液中铁沉淀出来。再向溶液中加入锌粉或锌屑除去金属离子，同时在过滤后向溶液中加入过量的过氧化氢，以便进一步除去杂质铁。用制得的锌盐溶液经蒸发、烘干后可制备七水硫酸锌、碱式碳酸锌等各种锌盐及高纯氧化锌。一般工艺过程包括酸浸提锌、氧化除铁、锌粉置换除去重金属离子等工序，然后制得锌盐系列产品等。

4.14.2.3 电解法

电解法是将热镀锌渣制成可溶性阳极材料后直接电解精炼，以获得高纯度的阴极锌。需制备电解精炼所用的阳极板，并选择恰当的电解液。该方法锌回收率高，直收率可达97%以上。

4.14.2.4 蒸发法

包括常压挥发法、真空蒸馏法以及双真空蒸馏法。

常压挥发法是在常压下利用不同金属蒸气压的差别使得易挥发金属优先挥发分离出来。以蒸气的形式挥发出来的锌蒸气通入冷凝器中快速冷却，锌蒸气会以细小颗粒的形式冷凝下来形成锌粉或者金属锌，杂质则留在残渣中。产生的产品根据后续工序的不同，又可分为粗锌、锌锭、锌粉、超细锌粉、氧化锌粉等。

真空蒸馏法是利用在真空状态下以较低熔点下将锌以蒸气的形态挥发后冷凝回收，达到分离回收锌的目的。由于其蒸馏的整个过程是在密闭真空的炉体内进行的，它可以在较低的温度下获得较高的蒸发速度和较高的金属回收率，也能有效避免锌的氧化，其纯度可达99.8%~99.95%。

双真空蒸馏法提纯锌技术为热镀锌渣通过内罐和外罐双抽真空的装置，经过蒸馏提纯冷凝后，得到介于0号锌和1号锌之间的锌，再与外进0号锌相混合，采用中频无芯感应熔炼炉进行熔化，调整合金成分，通过模铸铸成热镀锌锭，产品返回原镀锌流程，直收率在90%以上。

4.14.2.5　维尔兹法

在化学处理法制备的锌盐溶液中加入浓度为5mol/L的氨水，使锌盐溶液中的锌离子生成白色的氢氧化锌沉淀，经过滤、漂洗、烘干后焙烧可得到高纯度的氧化锌，高温条件下在锌挥发窑内还原制备出高纯度锌。

4.14.2.6　制备其他功能材料

热镀锌渣在制备其他功能材料方面的应用包括：(1) 制备中碱玻璃；(2) 制备锰锌铁氧体；(3) 制备氧化锌晶须；(4) 制备纳米氧化锌；(5) 制备锌粉、超细锌粉等。

本章小结

本章介绍了高炉渣、钢渣、铁合金渣等多种钢铁冶金炉渣的来源、特点，讨论了钢铁冶金炉渣的利用现状，详细论述了钢铁冶金炉渣资源循环利用的方式与方法，并介绍了工艺原理及过程。

习　题

4-1 钢铁冶金炉渣如何进行分类?

4-2 各种钢铁冶金炉渣来源分别是什么，分别具有什么特性?

4-3 各种钢铁冶金炉渣循环利用方式、方法有哪些，具体工艺流程是什么?

5 废钢和轧钢氧化铁红的循环利用

本章内容导读：

(1) 掌握废钢的来源及综合利用。

(2) 掌握轧钢氧化铁红的来源及综合利用。

5.1 废钢的循环利用

废钢，指的是钢铁厂生产过程中不成为产品的钢铁废料（如切边、切头等）以及使用后报废的设备、构件中的钢铁材料，成分为钢的叫废钢；成分为生铁的叫废铁，统称废钢。废钢不是字面意义上的废弃物，是可循环再生的铁素资源，也是唯一可替代铁矿石的炼钢铁素炉料。

目前世界每年产生的废钢总量超过5亿吨，约占钢总产量的45%~50%，其中85%~90%用作炼钢原料，10%~15%用于铸造、炼铁和再生钢材。

中国是钢铁大国，也是废钢铁循环利用量最多的国家。废钢铁行业的发展，经历了从国家计划管理迈向市场化，从“散、乱、差”逐步走向规范化，从手工的小作坊跨入机械加工的工厂化，从国内贸易融入国际化的不同阶段。“十五”计划以来，废钢铁的循环利用，已形成产业化、产品化、区域化的发展趋势。废钢铁产业初具规模，为钢铁工业的低碳、绿色发展奠定了坚实的基础。

5.1.1 废钢的分类与标准

5.1.1.1 废钢分类

钢铁的生命周期主要包括钢铁生产阶段、钢铁加工阶段、钢铁产品使用阶段三个阶段。相应的在此过程中所产生三种废钢。

自产废钢是在钢铁制造过程中产生的，在这个过程中产生的废钢是来自钢铁生产企业内部的，产生的废钢可能作为逆向物流被重新返回到企业内部的流程当中去被重新循环利用，这部分废钢通常情况在产生之后很快就会被钢铁生产流程的上道工序重新利用掉，不会流到钢铁业外部，所以这些废钢也通常被叫做内部废钢。

加工废钢是在钢铁加工过程中产生的废钢，在制造过程中，不可避免会产生一些废料，比如钢铁产品制造企业所产生的钻磨屑、边角料、废次品。一般这些废钢的产生是钢材离开钢铁生产企业以后才产生的，所以有些人就把这短时间内出现的废钢称为短期废钢。这部分废钢可能会被出售，又会重新进入钢铁生产企业当中，作为生产原料重新利用。

社会废钢是在钢铁生命周期的最后一个阶段产生的废钢。这部分废钢包括报废的机械设备、农业机器、车辆和轮船，工厂搬迁拆除的厂房、设备和管道；生活消费过程中产生的废钢，例如自行车、家电、炊具、小五金等等。由于这些废钢的产生需要经过的时间较长，所以有些人也称这部分废钢为长期废钢。

5.1.1.2 废钢标准

前节介绍了废钢按产生过程简单进行了分类，实际上废钢种类是很繁杂的，为了细化废钢的分类，指导行业规范发展，冶金工业信息标准研究院联合中国废钢铁应用协会等单位，共同编制了 YB/T 4737—2019《炼钢铁素炉料（废钢铁）加工利用技术条件》工信部行业标准。该行业标准在国家标准框架范围及要求的基础上，更加侧重于废钢的具体型号和代码划分，标准更加具体和灵活，废钢价值属性可操作性更强。该行业标准将废钢以代码的形式分为约 300 个品种，基本涵盖了市场上所有的废钢种类，能代表当前废钢行业发展的整体趋势。该行业标准与 GB/T 4223—2017《废钢铁》国家标准形成协同配套、互相补充的废钢铁产品标准体系，为废钢铁行业发展提供标准技术支撑。

另外，我国的废钢铁标准体系也已经建立。具体而言，可以划分为五大类标准，分别为基础、产品、方法、设备及环保类标准。其中，基础标准包括取样、制样等标准；产品标准包括废钢铁、废不锈钢等产品标准；方法标准包括物理检验方法、化学分析方法标准；设备标准包括机械加工设备标准；环保标准包括环境保护控制标准。

5.1.2 废钢循环利用处理方法

废钢主要用于长流程转炉中的炼钢添加料或短流程电炉的炼钢主料。钢铁工业主要的铁源为铁矿石。每生产 1t 钢，大致需要各种原料（如铁矿石、煤炭、石灰石、耐火材料等）4~5t，能源折合标准煤（指发热值为 29307.6kJ/kg 的煤）0.7~1.0t。而利用废钢作原料直接投入炼钢炉进行冶炼，每吨废钢可再炼成近 1t 钢，可以省去采矿、选矿、炼焦、炼铁等过程，显然可以节省大量自然资源和能源。目前在炼钢金属料中，废钢已占总量的 35%左右，由铁矿石炼得的生铁占总量的 65%左右；因此，废钢的利用，引起社会的普遍重视，被称为“第二矿业”。许多国家缺乏铁矿或铁矿品位不断下降，对废钢更为重视。废钢的供销，已成为一个重要的国际市场。20 世纪 70 年代以来，世界上以废钢作原料的电炉钢产量，有较大的发展，也说明废钢的利用范围日益扩大。由于废钢的大量应用，目前世界生铁产量仅为钢产量的 72%。

各种炼钢方法利用废钢的程度是不同的。氧气转炉炼钢一般可用 15%~25%的废钢，采用预热废钢技术则可用废钢 30%~40%；平炉炼钢理论上可以 100%用废钢，但一般用量为 20%~60%；电弧炉炼钢几乎全部利用废钢作原料。废铁一般作高炉炼铁或铸铁原料，少量干净废铁也用作炼钢原料。大型钢铁联合企业炼钢原料以生铁为主，以废钢为辅。独立钢厂、特殊钢厂和近年发展起来的小钢厂都以废钢为主要原料。

为利用厂内外的废钢，各钢铁厂均设有废钢加工部门，对废钢进行分类，精整和加工成为合格的冶炼原料。按形状分为轻型、中型和重型废钢，按性质分为碳素废钢和各种合金废钢。

废钢处理方法因材质和形状而异。易碎的和形状不规则的大块物料，采用重锤击碎。特厚、特长的大型废钢，用火焰切割器切割成合格尺寸。更大废钢铁块料，则采用爆破法爆碎。厚废钢板和型钢、条钢，采用剪切机进行剪切。废薄板边角料、废钢丝、废汽车壳体等容积比重较小的轻料，用打包机压缩成块体，打捆用作炼钢原料。切削产生的废钢屑除油后，再用压块机压块。混有其他金属的废料，先经破碎，再经磁选，分离出废钢。近年发展出利用液氮在 -50～-100℃的低温下进行破碎的新技术。但废钢与有色金属和其他杂质的分离问题尚未完全解决。使用混杂废钢要限制在一定比例，以免影响钢的质量。

一般情况下采用机械加工，常用机械为压包机、切割机等。废钢主要用于长流程转炉中的炼钢添加料或短流程电炉的炼钢主料。

磁选是利用固体废物中各种物质的磁性差异，在不均匀磁声中进行分选的一种处理方法。磁选是分选铁基金属最有效的方法。将固体废物输入磁选机后，磁性颗粒在不均匀磁声作用下被磁化，从而受到磁场吸引力的作用，使磁性颗粒吸进圆筒上，并随圆筒进入排料端排出；非磁性颗粒由于所受的磁场作用力很小，仍留在废物中。磁选所采用的磁场源一般为电磁体或永磁体两种。

清洗是用各种不同的化学溶剂或热的表面活性剂，清除钢件表面的油污、铁锈、泥沙等。常用来大量处理受切削机油、润滑脂、油污或其他附着物污染的发动机、轴承、齿轮等。

废钢铁经常粘有油和润滑脂之类的污染物，不能立刻蒸发的润滑脂和油会对熔融的金属造成污染。露天存放的废钢受潮后，夹杂的水分和其他润滑脂和油会对熔融的金属造成污染。此外，夹杂的水分和其他润滑脂等易汽化物料，会因炸裂作用而迅速在炉内膨胀，不宜加入炼钢炉。为此，许多钢厂采用预热废钢的方法，使用火焰直接烘烤废钢铁，烧去水分和油脂，再投入钢炉。

5.1.3 废钢应用于转炉炼钢

尽管转炉炼钢所需要的主要含铁原料是铁水，但是，废钢中有害元素含量相对于铁水和生铁来讲，要少得多，提高废钢比例和废钢质量是降低入炉原料中有害元素的有效手段。而对于一些铁水比较富裕的生产企业和生产阶段，提高废钢比例是平衡炉内热量的重要手段。

随着钢铁行业竞争的日趋激烈，尤其是在废钢价格下降的情况下，提高废钢加入量，可以在不增加铁水消耗的情况下，提高炼钢产量，同时优化入炉钢铁料结构，降低结构成本。但是，不同质量的废钢，回收率波动很大。最差的是厚度在 2mm 以下的轻薄料，不但回收率低，而且装入难度大，延长了冶炼周期，应严格控制入炉；当然，厚度 4mm 以上的类似工业下脚料质量水平的废钢的价格也比较高，需要结合回收率和价格差价，有选择地加入。

5.1.4 废钢应用于电炉炼钢

电炉是把炉内的电能转化为热量对工件加热的加热炉，电炉可分为电阻炉、感应炉、电弧炉、等离子炉、电子束炉等。电炉炼钢主要利用电弧热，在电弧作用区，温度高达 4000℃。冶炼过程一般分为熔化期、氧化期和还原期，在炉内不仅能造成氧化气氛，还能造成还原气氛，因此脱磷、脱硫的效率很高。

电炉钢生产是现代钢的主要生产流程之一。与转炉炼钢相比，具有投资少、建设周期短、见效快及生产流程短、生产调度灵活、优特钢冶炼比例高等优点，特别是合金钢、高合金钢等高附加值、高强度、高韧性等高性能的特殊钢品种的冶炼，基本依靠电炉。特钢企业电炉钢成本的55%来自废钢。

近些年，社会废钢铁资源逐年攀升，而转炉炼钢消化废钢能力有限，预计未来废钢资源将增加甚至过剩，而发展以废钢资源为主的短流程炼钢可以减轻钢铁工业的排放问题，同时资源化地利用废钢。

废钢应用于电炉炼钢，应充分发挥优势，目前应注意：节能低耗方面，改进型废钢预热技术；高品质方面，建设智慧废钢场，按电炉的需求准备废钢——废钢入口检测、分类、破碎与筛分（去除有害元素）等。

5.1.5 废钢应用于高炉冶炼

废钢属于再生资源，其载能和环保功效显著。多用废钢缓解资源紧张，可有效降低铁矿石对外依存度。废钢比的大小决定着冶金企业能耗和能源利用的高低，废钢比的提升既有利于保护资源，又有利于节约能源、减少环境污染。传统废钢添加方法主要是转炉添加废钢和电炉添加废钢。

转炉炼钢和电炉炼钢有各自的优点和缺点，而高炉添加废钢能够更好地缓解各种环保压力和提高生产率的期望，但废钢添加量不宜过多，还需注意高炉热量衡算等。

高炉炉料中加入废钢块具有很多可能的优点。由于废钢块属于充分还原后的金属，因此其仅需能量来加热和熔化为铁水即可。所以如果在高炉上料过程中添加废钢，是可以提高高炉生产率及降低燃料比的。通过调整废钢的粒度大小，还可以调节料床的气孔率，也就是透气性，同时抵消高炉在高喷煤比下发生气孔减小的情况。可以说，废钢作为一种金属铁料，是完全可以部分代替其他含铁炉料在高炉中使用的。这一点在理论上与国内外实践上，均得到充分证明。欧洲和北美的许多高炉炉料中，都有数量不等的废钢等金属料，最高超过200kg/t。国内一些钢铁企业也进行了高炉配加废钢的生产实践。

高炉冶炼添加废钢有生产实践表明：高炉添加一定比例的废钢（综合废钢比小于3.96%）可改善高炉料柱透气性，提高煤气利用率与理论燃烧温度，炉顶煤气温度下降，对高炉操作的其他关键工艺参数影响不大，可取得燃料、矿石消耗下降的效果，工艺可行。

但高炉加废钢也需要注意几个方面的问题：（1）热平衡问题，废钢加入后如何调整焦炭负荷。高炉加废钢焦炭消耗由熔化耗热耗碳与废钢变为铁水后的渗碳两部分组成，高炉加1t废钢熔化耗热耗碳与渗碳理论消耗焦炭量为124.43kg，该数据为废钢试验矿焦负荷调整提供依据。（2）废钢加入后对炉料结构熔滴性能有何变化，是否会引起高炉软化带、滴落带变化及对煤气流的二次分布产生影响。（3）现有工艺装备是否满足添加要求，粒度如何控制，是否会卡料；加入方式怎么加，与矿石混装还是与焦炭混装，是否会划破皮带等。

5.2 轧钢氧化铁红的循环利用

氧化铁红又称铁红、铁氧红，是一种传统而又重要的无机颜料，其化学式为：α-Fe_2O_3。

5.2.1 钢铁行业中氧化铁红的产生

根据来源的不同，钢铁轧制工艺产生的氧化铁主要分为铁鳞和铁红两类。铁鳞是钢坯、钢板等钢件由于在加热轧制和锻造过程中暴露在空气中，表面被氧化而脱落下来的产物，即轧钢铁锈。这类物质从钢件上脱离下来时，形状较薄，外观像鱼鳞，因此而得名。热轧铁鳞主要成分为四氧化三铁，因钢种的不同，化学成分也有一定的差别。而铁红是冷轧酸洗机组产生的废酸经酸再生设备分离而产生的。酸再生主要是将冷轧酸洗机组产生的废酸液通过再生设备分离出溶解铁盐，经焙烧后分解为氧化铁红和氯化氢气体。氧化铁红主要成分为三氧化二铁，含量大于99.3%，粒度较小，且为空心球形，具有较大的比表面积，活性好。

5.2.2 氧化铁红用作颜料

由于氧化铁红具有颗粒小、粒径分布范围较窄、着色能力强且无毒、无污染、耐候性好、耐温性好等优点被广泛地应用在粉末涂料上。在氧化铁红生产过程中，原材料的来源不同，生产工艺的差别，导致氧化铁红的晶体结构、粒径分布、微观形貌和物理性质产生很大的差别，进而影响到其色泽的变化。其作为颜料主要应用在彩色混凝土、建筑陶瓷、粉末涂料、油性漆、橡胶、塑料、化妆品等行业。氧化铁红在陶瓷配方中主要以着色剂的形式引入，其颜色包括：棕色系列、黑色和咖啡色、釉用黑色、锆铁红色等色系。

5.2.3 氧化铁红用于制备磁性材料

氧化铁红是磁性铁氧体的重要组成成分，利用氧化铁红制备高附加值的铁氧体是当前的研究热点之一。以铁鳞为原料采用陶瓷烧结工艺可制备纳米晶的 $CuFe_2O_4$ 铁氧体、$MgFe_2O_4$ 铁氧体及 $SrFe_{12}O_{19}$ 铁氧体等。

南京理工大学研究了利用轧钢氧化铁生产高性能的锶铁氧体，首先开展了以铁红为原料在不添加稀土元素的前提下，制备锶铁氧体样品的性能研究；进一步地，以铁红为预烧料，采用离子联合取代技术，同时添加镧和钴元素。其研究结果表明，样品的矫顽力进一步升高，制备出样品的磁性能超过了日本 TDK 公司生产的 FB6H、FB6B 品牌产品的指标。

5.2.4 氧化铁红用作光催化剂

目前，光催化广泛应用于能源再生和环境修复等方面。由于 α-Fe_2O_3 的禁带宽度约为 2.2eV，其能吸收大部分的可见光光谱。相比于传统的光催化材料 TiO_2、ZnO、SnO_2 等，α-Fe_2O_3 对太阳能的利用更加充分。同时 α-Fe_2O_3 在水介质中具有良好的化学稳定性、成本低、丰度大、无毒等特点，是光催化水处理和水裂解的理想材料。研究发现，形貌以及不同裸露的晶面对 α-Fe_2O_3 光催化性能会产生重要影响。

通过溶胶凝胶法可制备 α-Fe_2O_3 纳米薄膜，并开展了应用于染料敏化太阳能电池的研究。结果表明，尽管 α-Fe_2O_3 展现出对可见光有良好的吸收性能，但是由于其在光照时产生的电子和空穴对容易发生再复合及电子和空穴在其表面扩散长度短的缺点，致使其光催化效果比较低。目前，关于改进 α-Fe_2O_3 光催化效果的主要有四种途径：表面修饰、组成异质结结构、掺杂其他材料及形成复合材料。

5.3　铁鳞的循环利用

铁鳞的利用包括：

（1）用于造块。鞍钢、首钢曾经利用铁鳞生产球团矿、烧结矿，供给高炉作原料，可实现年回收20万吨以上的铁鳞。

（2）作为电炉炼钢的氧化剂。铁鳞含复合铁氧化物，可用作电炉炼钢中脱除C、Si、Mn、P等的氧化剂。脱除过程是将铁鳞中的氧和需要脱除的元素形成氧化物转移到钢渣或生成气相得以脱除。

（3）生产炼钢专用降温化渣剂。济钢利用铁鳞生产炼钢专用的冷轧球团矿降温化渣剂，铁鳞配比达77%左右。

（4）生产还原铁粉。铁粉是粉末冶金的重要原料，而生产铁粉的主要原料是超级铁精矿和铁鳞，在国内铁鳞还原铁粉占近90%。

（5）其他用途。铁鳞还可用来生产氧化铁黑颜料、铁红颜料、永磁铁氧体等。

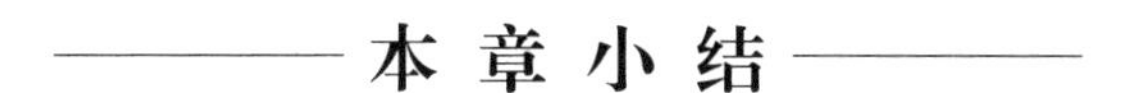

本章小结

本章介绍了废钢和轧钢氧化铁红的来源、特点，讨论了废钢和轧钢氧化铁红综合利用现状，详细论述了废钢和轧钢氧化铁红综合利用方法及工艺过程。

习　题

5-1 废钢的来源包括哪些，综合利用状况如何？

5-2 轧钢氧化铁红是如何产生的，综合利用现状如何？

6 钢铁冶金煤气的循环利用

本章内容导读：

（1）掌握钢铁冶金煤气的来源及分类。

（2）掌握钢铁冶金煤气循环利用的途径及工艺过程。

冶金工业在生产钢铁产品的同时也产生大量煤气。副产品煤气是钢铁企业中最重要的二次能源，约占企业总能耗的30%~40%。日本、德国等工业发达国家冶金工业所产生的冶金煤气基本上被回收再利用，而我国多数钢铁企业不仅煤气回收率低、消耗量大，且放散严重，这也是造成我国钢铁工业吨钢能耗和各重点工序的能耗高于世界工业发达国家的原因之一。

6.1 钢铁冶金煤气的分类

冶金煤气是在炼钢、炼铁、炼焦、发生炉、铁合金生产过程中产生的含有大量CO的可燃性混合气体。煤气的成分一般受制气原料和煤气的生产、回收工艺方法的不同的影响，其组成和相应成分所占的百分比也不尽相同。根据冶炼来源划分，主要包括高炉煤气、焦炉煤气和转炉煤气。这些伴随着主体冶炼工艺产生的煤气是钢铁企业冶金煤气的直接来源。

冶炼工艺产生的冶金煤气是钢铁企业中最重要的二次能源。钢铁企业冶金煤气具有发生量较大、毒性较强、回收成本较高、利用途径较少、利用效率较低等特点。因此，对冶金煤气进行有效利用，可以达到降低钢铁企业工序生产能耗水平、节约替代煤炭或重油等一次能源、避免煤气放散对环境产生严重影响的目的。

6.2 高炉煤气的循环利用

因为高炉煤气热值比较低，一般企业在煤气平衡不好时首先选择放散高炉煤气，因此，高炉煤气放散率一般作为衡量一个企业煤气平衡措施和水平的标准。以往因受热值低、含尘含水量大、压力波动大等因素的影响，在钢铁企业中高炉煤气难以适应生产的需要，除了热风炉自用，部分与焦炉煤气混合使用外，剩余的都被白白放散掉了。

6.2.1 高炉煤气的产生及物化特性

6.2.1.1 高炉煤气的产生

炼铁是钢铁企业生产的中心环节。炼铁技术主要包括高炉炼铁法和直接还原铁法，其中，高炉占所有出铁产量的90%以上。高炉炼铁是从矿石中提炼金属铁的过程。铁矿石在高炉内被还原剂还原，其中包含的磷、硫、硅、锰等元素在炼铁过程中被加入的氧化剂（氧气等）所作用，和碳元素一起被去除到规定的限度，形成液态过还原的含碳铁液和炉渣，并排出含有 CO_2、CO 等成分的炉顶煤气。典型的高炉煤气发生过程如图 6-1 所示。

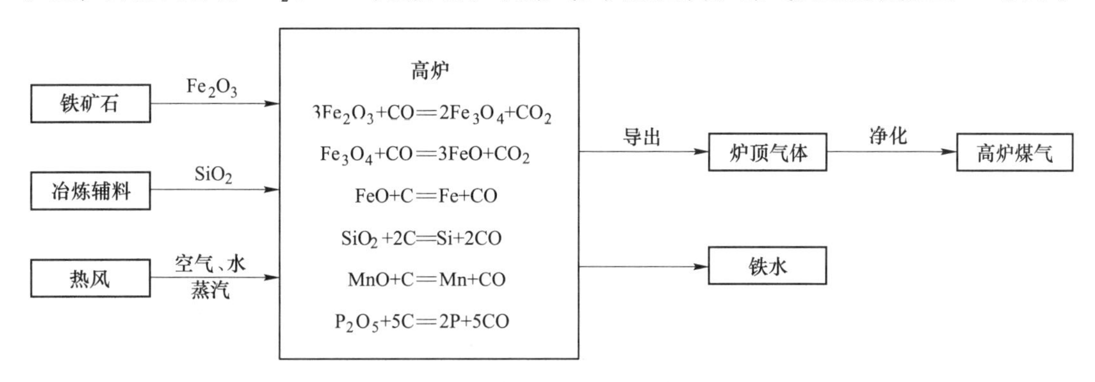

图 6-1 高炉煤气发生示意图

此外，由鼓风机站经由热风炉进入高炉的鼓风中带入的水蒸气以及物料中所含的水分在高温下分解，产生一氧化碳和氢气。这些冶炼过程中产生的气体经由炉顶导出，经净化处理后，最终成为高炉炼铁副产高炉煤气。

6.2.1.2 高炉煤气的成分

高炉煤气是高炉炼铁生产过程中副产的可燃气体。高炉煤气的主要成分为 CO、CO_2、N_2、H_2 和 CH_4 等，可燃成分中一氧化碳含量占 25%左右，氢气与甲烷的含量很少，二氧化碳、氮气的含量较高。高炉煤气的特点是：不燃成分多，可燃成分较少（30%左右），发热值低；一氧化碳含量很高，毒性较大；燃烧速度慢、点火温度高，不易稳定燃烧。典型的高炉煤气成分见表 6-1。它的含尘浓度 10～50g/m^3（标况），产尘量平均为 50～75kg/t（生铁）。粉尘粒径在 500μm 以下，主要是铁、氧化亚铁、氧化铝、氧化硅、氧化镁和焦炭粉末。

表 6-1 典型的高炉煤气成分

煤气低位热值/kJ · m^{-3}	成分/%					
	H_2	CH_4	CO	CO_2	N_2	O_2
3230 ～4180	1.5～3.0	0.2～0.5	25～30	9～15	55～60	0.2～0.4

6.2.1.3 高炉煤气的特性

高炉煤气的特性：

（1）高炉煤气中不燃成分多，可燃成分较少（约 30%），发热值低；

（2）高炉煤气是无色无味、无臭的气体，因 CO 含量很高，所以毒性极大；

（3）燃烧速度慢、火焰较长、焦饼上下温差较小；

（4）用高炉煤气加热焦炉时，煤气中含尘量大，容易堵塞蓄热室格子砖；

（5）安全规格规定在 1m，空气 CO 含量不能超过 30mg；

（6）着火温度大于 700℃；

（7）密度为1.29~1.30kg/m³（标况）。

6.2.2 高炉煤气用于发电和蓄热燃烧

随着纯烧高炉煤气锅炉发电技术、燃气蒸汽联合循环发电机组和高温蓄热式燃烧技术的研制成功并在钢铁企业中的广泛应用，为高炉煤气的有效利用提供了很好的途径。

6.2.2.1 纯烧高炉煤气锅炉发电技术

纯烧高炉煤气锅炉发电技术是利用钢铁企业中大量低热值高炉煤气发电的一项新技术。在实际使用中，通过调整发电负荷能够增减高炉煤气的使用量而不影响锅炉的安全运行，既有效利用了高炉煤气资源，又作为缓冲用户稳定了煤气系统管网的波动。目前，国内主要有杭州锅炉厂、江西锅炉厂、无锡锅炉厂生产此类锅炉，有130~220t/h高温高压电站锅炉机组。首钢应用纯烧高炉煤气锅炉发电技术后，全年可供蒸汽57.6万吨，发电4320万千瓦时，折标准煤17.6万吨，综合年效益在4000万元以上。此技术已在鞍钢、马钢、武钢、沙钢、梅钢、安钢等企业广泛使用。

6.2.2.2 燃气蒸汽联合循环发电技术

除尘后的低热值煤气（高炉煤气）与空气混合后在汽轮机的燃烧室燃烧，产生的高温高压气体推动透平机组做功、发电；高温气体再进入余热锅炉产生蒸汽，推动蒸汽轮机做功、发电。另外，富余的转炉煤气、焦炉煤气也可供低热值煤气热电联供发电，进行综合利用，以提高发电效率。当前，世界上热电转换效率较高的CCPP系统，一般由高炉煤气或混合煤气供给、燃气轮机、余热锅炉、蒸汽轮机和发电机组等子系统组成。与常规锅炉发电机组相比，CCPP热电转换效率提高近10个百分点，可达45%以上（表6-2），发电成本大为降低，节能效果显著，并有较好的经济效益和环境效益。目前，CCPP在宝钢、通钢、济钢、鞍钢都已投入生产使用。

表6-2 CCPP发电系统的热效率及发电标准煤耗与普通发电机组对比

指 标	宝钢CCPP装置（全冷凝）149.6MW高炉煤气	国内同容量蒸汽单循环电厂	宝钢自备电厂2×350MW煤、煤气	华能重庆燃机电厂100MW天然气
热效率/%	45.52	32	38	45
发电煤耗/kg·(kW·h)$^{-1}$	0.27	0.35~0.40	0.319	0.273

6.2.2.3 高温蓄热室燃烧技术

高温空气蓄热燃烧技术是一项全新的燃烧技术，又称为无焰燃烧技术。其特征是，烟气热量被最大限度地回收，实现了超高温（助燃空气被预热到1000℃以上）、超贫氧浓度（燃料在低氧浓度）下燃烧；还可实现燃料化学能的高效利用和低NO_x排放。它从根本上提高了加热炉的能源利用率（热效率提高了85%），特别是对高炉煤气等低热值燃料的合理利用，既减少了高炉煤气的排放，又节约了能源，是一项能满足当前资源和环境要求的先进技术。

6.2.3 高炉煤气净化提质

随着环保要求的日益严格，对煤气燃烧后的排放标准要求越来越高，高炉煤气有效成分的提取与高附加值利用途径也不断开发出来。目前，从高炉煤气中分离 CO_2 和 CO 并用于高附加值化工产品生产的钢化联产工艺技术已经取得了很大的进步，对减少钢铁生产 CO_2 排放、弥补我国油气资源相对不足的能源结构具有重要意义。

6.2.3.1 高炉煤气 CO_2 分离与利用

高炉煤气是长流程钢铁冶炼过程中 CO_2 排放的最大源头。由于原料结构、配套设备和产品的不同，不同企业的吨钢 CO_2 排放量也不一样，当前国内钢铁生产的吨钢 CO_2 排放一般在 1.7~1.8t 左右。将高炉煤气中的 CO_2 进行分离后可以提高高炉煤气的热值，增加其品质、利用效率，拓展应用途径。针对高炉煤气中 CO_2 的分离技术有很多，包括低温蒸馏法、吸附法、膜分离法和电化学法等。目前世界上主要钢铁企业研究较多的是变压吸附法和电化学法，关注的重点是设备的投资与分离的运行成本。对于分离出的 CO_2，目前的应用方向有两大途径：一是捕获与封存；另外一个方向是捕获与利用。

捕获与封存技术只是将 CO_2 进行封存，减少了排放到大气中的量，是目前大规模 CO_2 减排的主要研究方向。捕获与利用技术是最近几年研究的热点，也取得了一定的进展。捕获与利用的方向又可以分为两大类，一类是利用 CO_2 的惰性气体的性质将其用于钢厂内部生产环节的吹扫或者保护气；另一类用于食品工业、炼钢或者化工生产原料，尤其是化工方向上将 CO_2 通过还原、电化学或生物转化的方式制成 CO 气体使用或者直接合成醇和碳氢化合物，这一方向是减少碳排放的有效手段，技术上也取得了很大的进展。

由于 CO_2 是碳的完全氧化产物，在热力学上非常稳定，将其转化为醇类或碳氢化合物首先要考虑的是采取何种还原剂还原，其次是合成产物中的氢的来源，氢原子可以来自水，也可以来自氢还原剂本身。对于钢铁联合企业，可以考虑利用焦炉煤气中丰富的氢作为还原剂和产物的化学成分与高炉煤气分离出的 CO_2 合成，未来可以与零碳排放制氢相结合。CO_2 的资源化利用意义深远，既可以提供醇类能源、化工产品，又能有效缓解温室气体效应。当前面临的主要技术问题是廉价高效的催化剂与转化过程的能源利用问题。

6.2.3.2 高炉煤气 CO 分离与利用

高炉煤气相对廉价，所含 CO 的总量大，CO 是重要的碳化工原料，可以合成众多化工产品。但 CO 作为化工原料对气体的纯度要求较高，以往工业尾气中由于 CO 含量较低，分离提纯技术难度大，成本高，并未得到广泛应用。

高炉煤气利用 CO 作为化工原料的实质是从 CO_2、N_2 为主的混合气体中分离提纯，因此可以采取两种或几种气体分离手段联合的方式，而高炉煤气产生时本身带有一定压力，可以充分利用炉顶煤气压力进行初级分离，目前分离提纯技术已经取得了一定的突破。

2020 年我国铁产量超过 8 亿吨，按吨铁副产 1600m^3 高炉煤气计算，副产的高炉煤气总量超过 1.28 万亿立方米，考虑到高炉生产自身热风炉的使用，理论上可以外供的高炉煤气量仍超过 9100 亿立方米，其中所含的 CO 约 2.77 亿吨。目前国内已有钢铁企业利用高炉煤气提取 CO 制备甲醇，但目前产能过剩。鉴于我国能源的储量现状是煤炭资源丰富、油气资源相对不足，尤其是原油，严重依赖进口，故高炉煤气丰富的 CO 资源未来利用的方向应考虑替代依赖原油或大量消耗煤炭来制备的化工产品。而利用炼铁过程副产的高炉煤气分离提纯 CO 作为主要的化工生产原料，结合氢等其他化工原料，制备烯烃、乙二醇等目前国内仍大量进口的化工产品，可以减少原油和煤炭的直接消耗，是符合中国能源结构与工业结构现状的重要方向。

6.3 焦炉煤气的循环利用

由于焦炉煤气的热值比较高，所以钢铁企业十分重视焦炉煤气的回收利用。焦炉煤气输送便捷、燃烧迅速，传统的焦炉煤气主要作为加热燃料供冶金工业使用，钢铁联合企业焦炉煤气再利用包括发电、生产直接还原铁（简称 DRI）、变压吸附制氢气（简称 PSA）、生产甲醇、二甲醚和氨等，如图 6-2 所示。

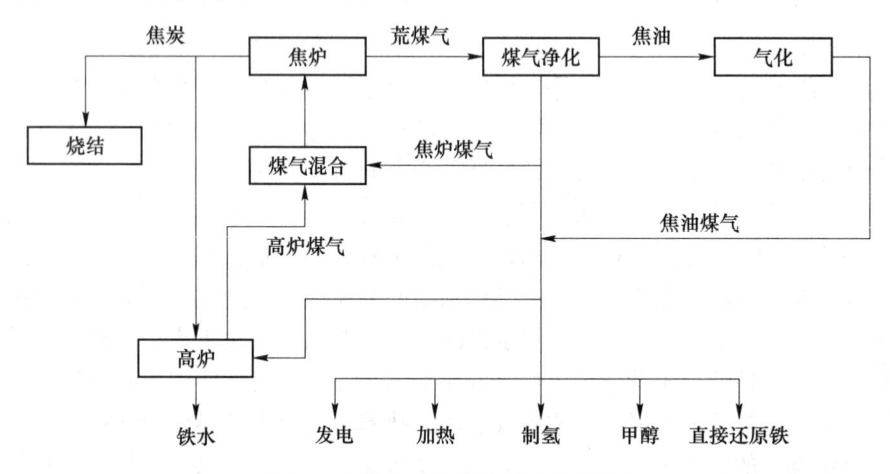

图 6-2 焦炉煤气的利用及其处理潜力

6.3.1 焦炉煤气的产生及物化特性

6.3.1.1 焦炉煤气的产生

炼焦过程是洗精煤转换成焦炭、焦炉煤气以及各种化学产品的过程，是煤在隔绝空气的条件下进行加热干馏的过程。炼焦过程中的副产气体，主要由煤在受热时分解产生，如图 6-3 所示。当温度升到 200℃以上时，煤开始分解。自 400℃左右开始，煤的热解加剧，煤气析出量急剧增加，当温度达到 500～550℃时，其逸出量约为总煤气量的 40%～50%，CH_4 含量高达 45%～55%，而 H_2 含量较低，约为 11%～20%。550～750℃时，基本不再产生焦油，从半焦内析出大量气体，主要是 H_2 及少量 CH_4，此时产生的煤气量急剧增加，其逸出量约占煤气总生成量的 40%左右。炼焦过程中产生的荒煤气经冷却、除萘、除油、煤气压送、洗氨、洗苯与脱硫等后处理工艺净化后，成为焦化工艺副产焦炉煤气。

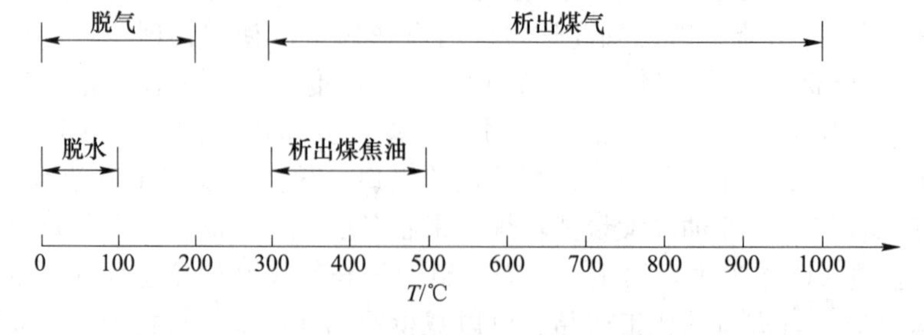

图 6-3 焦炉煤气发生过程图

6.3.1.2 焦炉煤气的成分

焦炉煤气，又称焦炉气，英文名为 Coke Oven Gas（COG），由于可燃成分多，属于高热值煤气。粗煤气或荒煤气是指用几种烟煤配制成炼焦用煤，在炼焦炉中经过高温干馏后，在产出焦炭和焦油产品的同时所产生的一种可燃性气体，是炼焦工业的副产品。焦炉煤气是混合物，其产率和组成因炼焦用煤质量和焦化过程条件不同而有所差别，一般每吨干煤可生产焦炉气 300~350m^3（标况）。其主要成分为氢气和甲烷，另外还含有少量的一氧化碳、C2 以上不饱和烃（2%~4%）、二氧化碳、氧气、氮气。其中，氢气、甲烷、一氧化碳、C2 以上不饱和烃为可燃组分，二氧化碳、氮气、氧气为不可燃组分。典型的焦炉煤气成分见表 6-3。

表 6-3 典型的焦炉煤气成分

煤气低位热值/kJ·m^{-3}	成分/%					
	H_2	CH_4	CO	CO_2	N_2	O_2
16720~18810	55~60	23~28	5~8	1.5~3	3~5	0.4~0.8

6.3.1.3 焦炉煤气的特性

焦炉煤气的特点：

（1）焦炉煤气发热值高，可燃成分较高（约 90%左右）；

（2）焦炉煤气是无色有臭味的气体；

（3）焦炉煤气因含有 CO 和少量的 H_2S 而有毒；

（4）焦炉煤气含氢多，燃烧速度快，火焰较短；

（5）焦炉煤气如果净化不好，将含有较多的焦油和萘，就会堵塞管道和管件，给调火工作带来困难；

（6）着火温度为 600~650℃；

（7）密度为 0.45~0.50kg/m^3（标况）。

6.3.2 焦炉煤气发电

焦炉煤气发电主要通过蒸汽、燃气轮机和内燃机等方式发电。蒸汽发电机组是以焦炉煤气作为蒸汽锅炉的燃料产生高压蒸汽，带动汽轮机和发电机组发电；燃气轮机发电机组是焦炉煤气直接燃烧驱动燃气轮机，再带动发电机组发电；内燃机发电机组是用煤气机带动发动机发电。其中，蒸汽发电技术较为可靠，已在国内焦化行业中广泛应用，但也存在系统复杂、占地面积大和系统启动时间长等缺点。目前，内燃机发电已在国内许多焦化厂投入使用，且大都选用 500kW 的内燃机发电机组。该技术的应用不但可获得可观的经济效益，且投资回收也较快。

6.3.3 焦炉煤气生产甲醇

由于焦炉煤气中 H_2 约为 56%~58%，CH_4 约为 26%~28%，只要将焦炉煤气中的甲烷转化成 CO 和 H_2，即可满足甲醇合成气的要求，其工艺流程如图 6-4 所示。山东兖矿集团公司从德国引进的焦炭生产设备中有 20 万吨/年的甲醇生产装置，山西天浩有 10 万吨/年的甲醇生产装置，云南曲靖 8 万吨/年的甲醇生产装置也于 2004 年底建成并投产。

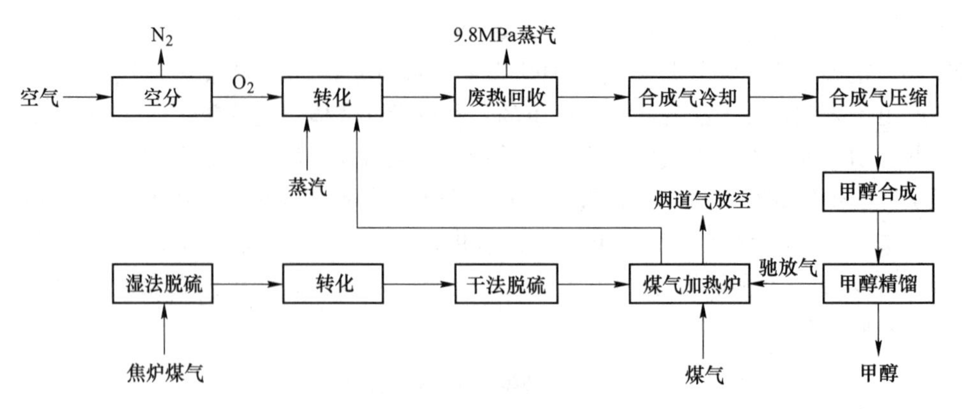

图 6-4　以焦炉煤气为原料制取甲醇的工艺流程

6.3.4　焦炉煤气生产纯氢

利用焦炉煤气生产纯氢技术成熟，经济合理，在国内得到广泛应用。将净化处理后的焦炉煤气再加压深度净化，用 PSA 技术从焦炉煤气中提取高纯度氢，约 99.9%。目前宝钢化工公司和石家庄焦化厂已成功地将焦炉煤气用于苯加氢装置生产纯苯等化工产品。

6.3.5　焦炉煤气生产直接还原铁

焦炉煤气经加氧热裂解即可得到廉价的还原性气体（约 70% 的 H_2 和 30% 的 CO），作为气基竖炉或煤基回转窑的还原性气体的气源，直接还原生产海绵铁是焦炉煤气利用的重要途径。直接还原铁生产技术已非常成熟，且可获得成倍高于焦炉煤气发电的经济效益。

6.3.6　焦炉煤气用于烧结喷吹制备烧结矿

在烧结过程中，采用焦炉煤气等气体燃料喷吹工艺，可以提高烧结料层上部温度，延缓上部料层的冷却速度，扩展烧结温度区域，有利于提高烧结矿强度、改善烧结上部料层烧结矿质量。

6.3.7　焦炉煤气用于高炉喷吹炼铁

焦炉煤气作为一种富氢介质，可以用于高炉喷吹实现低碳炼铁。在保证冶炼效果的前提下，可实现经济性地喷吹。

6.4　转炉煤气的循环利用

转炉煤气在钢铁企业的煤气平衡中起着重要的作用，它是炼钢环节最重要的二次能源，具有极高的回收价值。充分回收利用转炉煤气，对于降低炼钢工序能耗有很大意义。

6.4.1 转炉煤气的产生及物化特性

6.4.1.1 转炉煤气的产生

转炉冶炼开始时，向炉内注入1300℃的液态生铁，并加入一定量的生石灰，然后转动转炉使它直立起来并开始吹氧。这时液态生铁表面剧烈的反应，使铁、硅、锰氧化（FeO、SiO_2、MnO）生成炉渣，当钢水温度和成分达到出钢要求时，把转炉转到水平位置，把钢水倾至钢水包里，再加脱氧剂进行脱氧。在此过程中生成的含CO和少量CO_2的煤气，由炉口排出，经降温、除尘、存储、加压后成为炼钢副产转炉煤气。典型的转炉煤气产生过程如图6-5所示。

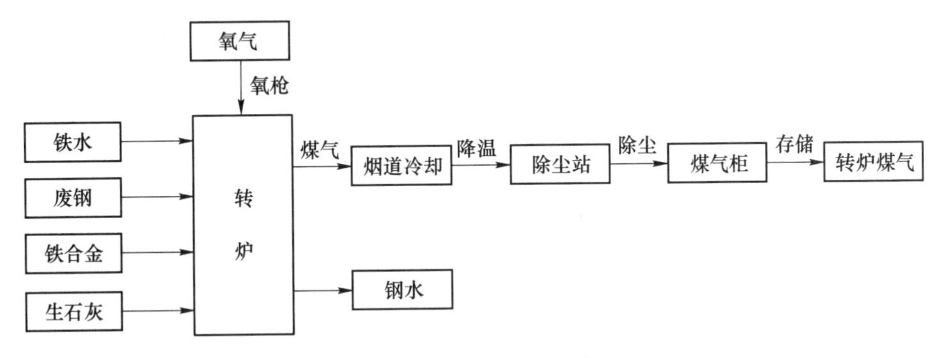

图6-5 转炉煤气产生示意图

6.4.1.2 转炉煤气的成分

转炉炼钢过程中，铁水中的碳在高温下和吹入的氧生成一氧化碳和少量二氧化碳的混合气体。回收的顶吹氧转炉炉气含一氧化碳60%~80%，二氧化碳15%~20%，以及氮、氢和微量氧。典型的转炉煤气成分见表6-4。转炉煤气的发生量在一个冶炼过程中并不均衡，成分也有变化。通常将转炉多次冶炼过程回收的煤气输入一个储气柜，混匀后再输送给用户。

表6-4 典型的转炉煤气成分

煤气低位热值/$kJ\cdot m^{-3}$	成分/%					
	H_2	CH_4	CO	CO_2	N_2	O_2
5600~9218	5~6	0.7~1.6	80~86	10	3.5	0.5

6.4.1.3 转炉煤气的特性

转炉煤气的特性：

（1）热值介于高炉煤气与焦炉煤气之间，燃烧性能较好；

（2）含有50%以上的CO，极易造成人员中毒；

（3）爆炸极限18.22%~83.22%，易燃易爆。

6.4.2 转炉煤气除尘

转炉煤气由炉口喷出时，温度高达1450~1500℃，并夹带大量氧化铁粉尘，需经降温、除尘，方能使用。目前转炉煤气除尘主要分为干法除尘、半干法除尘和湿法除尘。

6.4.2.1　干法除尘

转炉煤气进入蒸发冷却器，经雾化喷嘴喷出水雾将煤气直接冷却到200℃，喷水量根据煤气放热量精确控制，所喷出的水雾完全蒸发；喷水降温的同时对煤气进行了调质处理，使粉尘的比电阻有利于电除尘器的捕集。蒸发冷却器可以捕集煤气中30%左右的粉尘（主要为大颗粒粉尘）。冷却调质后的烟气进入静电除尘器，荷电粉尘在电场力的作用下向集尘极运动并在其上沉积，煤气含尘量进一步降低。净化后的煤气再送往煤气冷却器降温到70℃左右。最后根据煤气中一氧化碳和氧气含量决定对其回收或者放散。

转炉煤气干法静电除尘需要注意爆炸问题和二次扬尘问题。转炉煤气在静电除尘器中存在爆炸危险，因此在静电除尘器两端装有三级卸爆阀，以保证静电除尘器内压力的释放。干法静电除尘系统对工人的运行操作提出了较高的要求。转炉干法静电除尘器通过机械振打清除积尘板上灰尘，因为是振打，会引起二次扬尘，静电除尘器出口粉尘浓度只能达到20~30mg/m^3。

6.4.2.2　湿法除尘

转炉煤气湿法除尘主要有以下缺点：耗水耗电量较高，风机故障率较高。不论是湿法塔文除尘系统还是湿法二文除尘系统，转炉煤气降温均采用喷淋洗涤降温方式。

（1）湿法二文除尘。转炉煤气进入溢流文氏管（一文），在溢流文氏管喷入大量冷却水使煤气温度降至饱和温度，同时除去煤气中的粗颗粒的粉尘，再进入重力挡板脱水器脱水。脱水后进入RD矩形文氏管（二文）进行精除尘，含尘水滴在弯头脱水器、旋流脱水器中和煤气进行分离，转炉煤气实现进一步除尘。

（2）湿法塔文除尘。转炉煤气进入喷淋洗涤塔，喷淋洗涤塔通过喷入大量冷却水将煤气温度降至饱和温度（约70℃）并捕集煤气中粗颗粒的粉尘，达到粗除尘的目的。然后转炉煤气送往环缝可调喉口文氏管作进一步的精除尘。在文氏管喉口处喷入的循环水雾化后和煤气中粉尘充分接触，粉尘被润湿，含尘水滴进入弯头脱水器和旋流脱水塔，含尘水滴和煤气分离，实现进一步除尘。环缝可调喉口文氏管除了起到除尘作用，还兼作调节转炉炉口微差压的作用。

6.4.2.3　半干法除尘

转炉煤气半干法除尘是在转炉煤气干法和湿法环缝除尘的基础上产生的，它结合了这两种除尘方式的特点。转炉煤气进入蒸发冷却器，蒸发冷却器雾化喷嘴喷入的水雾完全蒸发，吸收煤气热量，煤气冷却降温至200℃，然后送往环缝可调喉口文氏管进行精除尘。在文氏管喉口处喷入的循环水雾化后和煤气中粉尘充分接触，粉尘被润湿，含尘水滴进入脱水器和煤气分离，煤气得到进一步除尘。

转炉煤气半干法除尘系统只有一个环缝可调喉口文氏管除尘器，系统阻力和湿法塔文除尘系统相当，高于干法静电除尘系统，但由于半干法除尘系统采用蒸发冷却方式对转炉煤气降温，系统耗水量较湿法塔文除尘系统要低。此外，半干法除尘系统和湿法除尘系统一样，也会造成风机叶轮粘灰的问题，因而要定期清洗叶轮和叶壳灰尘。

6.4.3　转炉煤气的利用

转炉煤气在钢铁联合企业的燃料平衡中起着重要的作用。它不仅满足炼钢厂自用，还可供热轧、冷轧等车间使用，若利用得好还能实现负能炼钢。如冶炼 1t 钢回收 $86m^3$ 的转炉煤气，同时利用炉气的物理热加热余热锅炉，产生 50kg 的蒸汽，能基本满足冶炼 1t 钢所需氧气消耗的热量及转炉辅助设备所需的能量，可实现不耗能甚至负能炼钢。

另外，东北大学开展了系列转炉放散煤气增值化利用的研究，如转炉煤气用于余热回收、预热废钢、自循环复合吹炼、强化烧结、强化钒钛矿高炉冶炼、优化 HIsmelt 熔融还原、制备金属化球团、合成甲醇、在垃圾焚烧炉中焚烧垃圾等。

本章小结

本章介绍了钢铁冶金煤气的来源及分类，介绍了各煤气的特性，对不同钢铁冶金煤气处理分别进行了说明，详细论述了其循环利用的方法及工艺过程。

习　　题

6-1 钢铁冶金煤气可以进行如何分类，各煤气来源是什么，具有什么特性？

6-2 钢铁冶金煤气循环利用的方法有哪些，工艺过程是怎么样的？

钢铁冶金废水的循环利用

本章内容导读：

（1）掌握钢铁冶金废水的来源及分类。

（2）掌握钢铁冶金废水循环利用的方法及工艺过程。

冶金工业废水排放量大、成分复杂，含各种有机和无机浮选药剂，重金属离子、盐分等含量非常高。冶金废水处理已经成为水处理领域的全球性难题。我国属于发展中国家，自20世纪末工业发展迅猛，但工业废水治理体系仍需进一步完善，工业废水处理技术水平仍有待进一步提高，对于工业废水特别是冶金废水的处理显得尤为重要。

7.1 钢铁冶金工业废水的分类与特性

7.1.1 钢铁冶金工业废水的分类

钢铁冶金工业废水是指钢铁冶金工业生产过程排出的废水。

从使用角度来分，主要有间接冷却废水和洗涤废水两大类；按照主要污染物性质可以分为有机废水、无机废水和仅受热污染的冷却水；按照污染物的主要成分可分为含酚废水、含油废水、含铬废水、酸性废水和碱性废水；按生产和加工对象可分为烧结废水、焦化废水、高炉废水、炼钢废水及连铸废水；

按废水来源和特点分，主要有冷却水、酸洗废水、除尘废水和煤气、冲渣水、炼焦废水。具体说明如下：

（1）冷却水。在冶金工业废水中所占比例最大，钢铁厂的冷却水约占全部废水的70%。直接冷却水，如轧钢机轧辊和辊道冷却水、金属铸锭冷却水等，除水温升高外，水中还含有油、氧化铁皮和其他物质。间接冷却水，如高炉炉体、热风炉等冷却水，使用后水温升高，未受其他污染。

（2）酸洗废水。轧钢等金属加工厂都产生酸洗废水，包括废酸和工件冲洗水。酸洗每吨钢材要排出1~2m^3废水，其中含有游离酸和金属离子等。

（3）除尘废水和煤气、烟气洗涤水。主要是高炉煤气洗涤水、转炉烟气洗涤水、烧结和炼焦工艺中的除尘废水等，含大量悬浮物，水质变化大，水温较高。每生产1t铁水，要排出2~4m^3高炉煤气洗涤废水，水温在30℃以上，悬浮物含量为600~3000mg/L，主要是铁矿石、焦炭粉和一些氧化物，还含有氰化物、硫化物、酚、无机盐和锌、铬等金属离子。

（4）冲渣水。水温高，水中含很多悬浮物和少量金属离子。

(5) 炼焦废水。黑色冶金企业中焦化厂每生产 1t 焦炭，产生 0.25~0.5m^3含有酚、苯、焦油、氰化物、硫化物、吡啶的废水。

7.1.2 钢铁冶金工业废水的特性

钢铁冶金工业废水的来源决定了其具有以下特性：

(1) 废水量大。

(2) 废水流动性介于废气和固体废物之间，主要通过地表水流扩散，造成对土壤、水体的污染。

(3) 废水成分复杂，污染物浓度高，不易净化。常由悬浮物、溶解物组成，COD 高，含重金属多，毒性较大，废水偏酸性，有时含放射性物质。处理过程复杂，治理难度大。

(4) 带有颜色和异味、臭味或易生泡沫，呈现使人厌恶的外观。

7.2 钢铁冶金废水处理原则与方法

7.2.1 钢铁冶金工业废水处理原则

钢铁冶金工业废水处理和回收是以提高水资源的再利用为中心，采取一系列的节水和治水措施。钢铁冶金废水处理和回收的目的主要是将废水中所含的污染物分离出来，或将其转化为无毒害或稳定存在的物质或可分离的物质，从而达到废水回用的目的。回用的水质标准低于城市给水饮用水水质标准，但是高于污水允许排入地表水的排放标准，因此，回用的水可以用于农业、工业、市政工程用水等方面，从而减少地下可饮用淡水的消耗。

正确规划产品方案，选择原料路线，采用无毒的原料和产品代替有毒的原料和产品，改革生产工艺，大力开展节水工艺，使生产过程每一环节的原料、材料、能源的利用率尽量提高，能够让钢铁冶金工业废水污染物排放量相应地减至最少。

钢铁冶金工业废水处理过程应做到以下三点：(1) 废水处理应与废水资源化相结合，废水中的污泥和溶解物均可以回收利用，变废为宝；(2) 废水尽可能回用，从源头减少废水排放；(3) 推广清洁化生产技术，降低废水中污染物含量。

7.2.2 钢铁冶金工业废水处理方法

钢铁冶金废水温度高于常温，废水中含有悬浮物（污泥和油类）和溶解化学物质，所以废水处理的步骤通常包括废水冷却、去除悬浮物、溶解物质提取等。根据不同污染物质的特征，发展了各种不同的废水处理方法，这些处理方法可按其作用原理划分为四大类：

(1) 物理处理法。物理处理法即通过物理作用，以分离、回收废水中不溶解的呈悬浮状态污染物质（包括油膜和油珠）的废水处理法。根据物理作用的不同，又可分为重力离心法、离心分离法和筛滤截流法等。

重力分离法的处理单元有：沉淀、上浮（气浮、浮选）等，相应使用的处理设备是沉砂池、沉淀池、除油池、气浮池及其附属装置等。

离心分离法本身就是一种处理单元，使用的处理装置有离心分离机和水旋分离器等。

筛滤截流法包括截流和过滤两种处理单元，前者使用的处理设备是格栅、筛网，而后者使用的处理设备是砂滤池和微孔滤池等。

过滤工艺包括过滤和反洗两个基本阶段。过滤即截留污染物，反洗即把污染物从滤料层中洗去，使之恢复过滤能力。

（2）化学处理法。化学处理法即通过化学反应和传质作用来分离、去除废水中呈溶解、胶体状态的污染物质或将其转化为无害物质的废水处理法。

化学处理中，以投加药剂产生化学反应为基础的处理单元有混凝、中和、氧化还原等；以传质作用为基础的处理单元有萃取、气提、吹脱、吸附、离子交换以及电渗析和反渗透等。后两种处理单元又统称为膜处理技术。

混凝法是指向废水中投加某些化学药剂，使其与废水中的污染物发生直接的化学反应，形成难溶的固体生成物（沉淀物），然后进行固液分离，从而除去水中污染物的方法。

吸附法是指利用多孔性固体吸附剂的表面吸附废水中一种或多种污染物溶质的方法。对溶质有吸附能力的固体物质称为吸附剂，而被吸附的溶质称为吸附质。

（3）物理化学法。物理化学法即利用物理化学作用去除废水中的污染物质。

物理化学法主要有吸附分离法、萃取法、气提法和吹脱法等。

（4）生物处理法。废水的生物化学法（简称生化法），是利用自然界大量存在的各种微生物来分解废水中的有机物和某些无机毒物（如氰化物、硫化物等），通过生物化学过程使之转化为较稳定的、无毒的无机物，从而使废水得到净化。生化法主要用来去除废水中呈胶体状态和溶解状态的有机物以及现有物理法不可能去除的细小悬浮颗粒。根据其作用的微生物的不同，生物处理法又可分为好氧生物处理法和厌氧生物处理法。

采用生化法处理废水，不仅比化学法效率高，而且运行费用低。除可用于城市污水处理外，生化法也可广泛应用于炼油、石油化工、合成纤维、焦化、煤气、农药、纺织印染、造纸等工业废水的处理，因此，其在废水处理中十分重要。

7.3　焦化废水的循环利用

焦化废水是在煤高温干馏、煤气净化和化工产品精制过程中产生的废水。由于焦化废水中氨氮、酚类及油分浓度高，有毒及生物抑制性物质较多，生化处理难以实现有机污染物的完全降解，直接排放将对环境造成严重污染。因此，焦化废水是一种典型的高浓度、高污染、有毒、难降解的工业有机废水。焦化废水直接排放危害巨大，焦化废水达标排放，已成为焦化企业迫切需要解决的课题。

7.3.1　焦化废水的来源

焦化废水的来源主要包括：

（1）剩余氨水，它是在煤干馏及煤气冷却中产生出来的废水，其水量占焦化废水总量的一半以上，是焦化废水的主要来源；

（2）在煤气净化过程中产生出来的废水，如煤气终冷水和粗苯分离水等；

（3）在焦油、粗苯等精制过程中及其他场合产生的废水。

7.3.2 焦化废水的处理

目前，对焦化废水的深度处理技术主要包括混凝沉淀法、吸附法、高级氧化技术、反渗透技术以及生物处理法（A/O）。

7.3.2.1 混凝沉淀法

混凝沉淀法是对废水中可能用自然沉降法除去的细微悬浮物和胶体污染物，通过投加混凝剂来破坏细微悬浮颗粒和胶体在水中形成的稳定分散系，使其聚集为具有明显沉降性能的絮凝体，然后通过重力沉降法予以分离的方法。其优点是设备费用低、处理效果好、操作管理简便、间歇和连续运行均可，因而其得到普及。但该法存在的问题是需要不断投加混凝剂，运行费用较高。

国内常用的混凝剂为硫酸铝、聚合氯化铝、硫酸亚铁和聚丙烯酰胺。助凝剂常采用活化硅胶和骨胶。助凝剂可以单独使用，但一般与铁、铝盐混凝剂合用。有学者开发出宝钢焦化废水专用混凝剂 M180，处理宝钢生化处理后的污水，出水 COD 在 40~70mg/L，F^-浓度为 3.0~6.0mg/L，色度为 50~100，总 CN^-为 0.3~0.5mg/L，各指标的平均去除率 COD 约为 70%、F^-约为 85%、色度约为 95%、总 CN^-约为 85%。

7.3.2.2 吸附法

吸附法是利用多孔性固体吸附剂的表面，吸附废水中一种或多种污染物溶质的方法。对溶质有吸附能力的固体物质称为吸附剂，而被吸附的溶质称为吸附质。这种方法常用于低浓度工业废水的处理。常用的吸附剂有活性炭、沸石、硅藻土、焦炭、木炭、木屑、矿渣、炉渣、矾土、大孔径吸附树脂以及腐殖酸类吸附剂等，其中以活性炭使用最为广泛。经过活性炭吸附处理后的废水，可以不含色度、气味、泡沫和其他有机物，能达到水质排放标准和回收利用的要求。

A 吸附过程的机理

在废水处理中，吸附发生在液-固两相界面上，由于固体吸附剂表面力的作用，产生对吸附质的吸附。吸附剂和吸附质之间的作用力可分为三种，即分子间力、化学键力和静电引力。与之对应的，吸附种类包括物理吸附、化学吸附和离子交换吸附。

物理吸附是通过分子间的引力（即范德华力）而产生的吸附，无选择性，吸附速度和解吸速度都较快，易达到平衡状态，一般在低温下进行。化学吸附是吸附剂与吸附质之间产生了化学反应，生成化学键而引起的吸附，有选择性，不易吸附和解吸，达到平衡慢，放出热量也大（40~400kJ/mol），常在较高温度下进行。离子交换吸附是吸附质的离子由于静电引力被吸附在吸附剂表面的带电点上而产生的吸附，吸附过程中伴随有等当量离子的交换。吸附强弱和离子带的电荷多少、水化半径等有关。

在一个系统中，三种吸附可以相伴发生，但可能表现出某种吸附起主导作用。在废水处理中，大部分的吸附是几种吸附的综合表现，其中主要是物理吸附。

B 吸附工艺过程

吸附操作分为静态间歇式和动态连续式两种，也称为静态吸附和动态吸附。废水处理是在连续流动条件下的吸附，因此主要是动态吸附。静态吸附一般仅用于实验研究或小型废水处理。动态吸附有固定床吸附、移动床吸附和流化床吸附三种方式。其中，固定床吸附是废水处理工艺中最常用的一种方式。

C 活性炭再生

活性炭再生是在活性炭本身结构不发生或极少发生变化的情况下，用特殊的方法将其上被吸附的物质从活性炭的孔隙中去除，以便活性炭重新具有接近新活性炭的性能。其方法主要有水蒸气吹脱法，溶剂再生法，酸、碱洗涤法以及焙烧法。

D 主要影响因素

影响吸附的主要因素包括吸附剂本身的性质以及废水中污染物性质的制约。吸附剂应满足吸附容量大、吸附速率高、机械耐磨强度高和使用寿命长的要求。污染物在水中溶解度越小，越容易被吸附，越不易解吸。

7.3.2.3 高级氧化法

高级氧化法包括 Fenton 氧化法、臭氧氧化法、电化学氧化法、光催化氧化法等。

（1）Fenton 氧化法。Fenton 氧化法是以过氧化氢为氧化剂、以亚铁盐为催化剂的均相催化氧化法。Fenton 试剂是一种强氧化剂，反应中产生的 ·OH 是一种氧化能力很强的自由基，能氧化废水中有机物，从而降低废水的色度和 COD 值。有学者在生化处理后的焦化废水中加入 Fenton 试剂，结合絮凝剂等可将水样中的 COD 从 223.9mg/L 降至 43.2mg/L。

（2）臭氧氧化法。臭氧是一种强氧化剂，能与废水中大多数有机物、微生物迅速反应，可除去废水中的酚、氰等污染物，并降低其 COD、BOD 值，同时还可起到脱色、除臭、杀菌的作用。

（3）电化学氧化法。电化学氧化处理技术的基本原理是使污染物在电极上发生直接电化学反应或利用电极表面产生的强氧化性活性物质使污染物发生氧化还原转变。有学者采用三维电极固定床技术对焦化废水进行深度处理的实验研究，COD 去除率可达 62%。

（4）光催化氧化法。光催化氧化法是由光能引起电子和空隙之间的反应，产生具有较强反应活性的电子（空穴对），这些电子（空穴对）迁移到颗粒表面，便可以参与和加速氧化还原反应的进行。光催化氧化法对水中酚类物质及其他有机物都有较高的去除率，且能耗低，有着很大的发展潜力。

（5）非均相臭氧催化氧化技术。非均相臭氧催化氧化技术是新型深度处理技术，通过臭氧及其和催化剂相互作用产生的 · OH 等强氧化剂对废水中的有机污染物进行深度矿化处理，极具实际应用前景。

7.3.2.4 反渗透法

反渗透是一种以压力为推动力的膜分离过程。用水泵给含盐水溶液或废水施加压力，以克服自然渗透压及膜的阻力，使水透过反渗透膜，将水中溶解盐和污染杂质阻止在反渗透膜的另一侧。有学者采用反渗透的工艺，可将焦化废水中 COD 降至 10mg/L 以下，脱盐率达到 90%以上。

反渗透技术只是对废水中的污染物进行了浓缩，对污染物并没有分解去除的作用，产生的浓水通常得不到妥善的解决，而且使用中由于进水的水质不同，膜极易受到污染，因此在工业废水处理中应当谨慎使用。

7.3.2.5 生物处理法

在煤化工焦化废水中，有大量的酚、氨氮和 COD，很多物质的降解难度高，为了达到理想的处理效果，必须要推行生物处理法。生物处理法环保、简单，一直在煤化工焦化废水的处理中发挥着重要的作用，代表性的有 UASB、SBR、A/O 等。其中 A/O 法最常用，AO 工艺是通过缺氧反硝化、好氧硝化循环反应，实现生物脱氮的目的。

焦化废水经预处理后进入缺氧池，反硝化细菌以焦化废水中含碳有机物为碳源，分解污水中的 COD，同时将污水中的 NO_3^-、NO_2^- 离子还原成为 N_2，实现 NO_3^-、NO_2^- 的反硝化。在好氧池中利用好氧性微生物去除污水中的残留 COD 等污染物，同时利用硝化细菌及亚硝化细菌的作用将污水中的 NH_3-N 氧化成 NO_3^-、NO_2^- 离子。焦化废水在缺氧池和好氧池中循环处理，去除废水中的氨氮、COD 等有机物。然后进入接触氧化池进一步处理，去除水中的有害物质。

7.3.2.6 耦合深度处理新技术

耦合深度处理新技术是采用非均相臭氧催化氧化技术、磁混凝技术和聚磁膜分离技术中的两个或三个单元技术进行耦合，可充分发挥各自的混凝、分离与有机物深度脱除的优势，使焦化废水深度处理后的 COD 质量浓度小于 50mg/L。

7.3.3 焦化废水的回用

随着国家节能减排政策的提出，国内焦化厂对焦化废水的回用进行了很多探索和尝试。主要回用方式包括湿熄焦、高炉冲渣、煤场抑尘用水、烧结混料用水，也有厂家用反渗透技术将焦化废水处理后回用作为工业给水。

焦化废水回用存在二次污染及设备、管道腐蚀问题等。焦化废水回用于熄焦或高炉冲渣，会使废水中的氨氮及部分有机物散发到空气中形成二次污染。为防止二次污染，需预先采取投加聚合硫酸铁等，辅以吸附法对焦化废水进行处理。腐蚀问题的解决需采取混合部分其他循环水的方式来降低腐蚀性。

7.3.3.1 作为工业给水回用

单纯生产焦炭的企业没有联合型钢企所具有的消纳途径，因此很多焦化厂不得不采用反渗透技术将焦化废水进行浓缩，产品水水质较好，可以直接作为工业循环冷却水的补水，产生的浓水则作为抑尘水或伴煤燃烧。图 7-1 为两种典型传统的反渗透处理工艺。

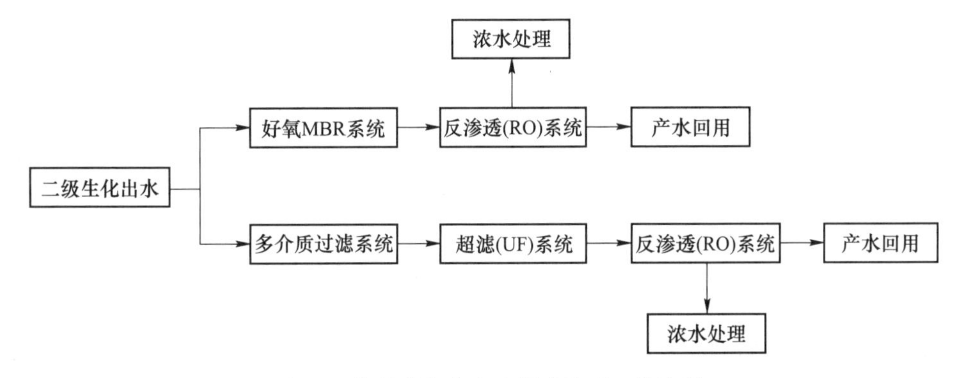

图 7-1 传统的焦化废水深度处理工艺流程

但是，传统的反渗透处理工艺存在的最大问题是反渗透系统包括膜系统的正常运转。多数焦化厂预处理系统不可靠，造成反渗透系统不能正常运转，膜系统运行不稳定，而导致停顿。同时，浓水的去向也有待解决。

基于此，针对工业废水，膜厂家开发了耐污染的反渗透膜，但是在实际工程中为保障膜系统安全，通常还是将进入反渗透系统的废水 COD 浓度控制在 20~50mg/L，而以上两种方案进入反渗透系统的 COD 均在 250mg/L 左右，因此，膜系统稳定运行的关键是预处理的稳定有效。除反渗透膜外，还可考虑采用适合的纳滤膜。

鉴于絮凝沉淀、Fenton 试剂等方法会在废水中引入大量铁离子及硫酸根离子，从而加重膜系统污染及结垢，因此不宜大量使用，但完全采用高级氧化技术的投资及成本太高，因此建议先使用混凝沉淀等方法将废水 COD 控制在 100~150mg/L，然后再使用高级氧化技术。因此，就形成了优化的焦化废水深度处理工艺，见图 7-2。

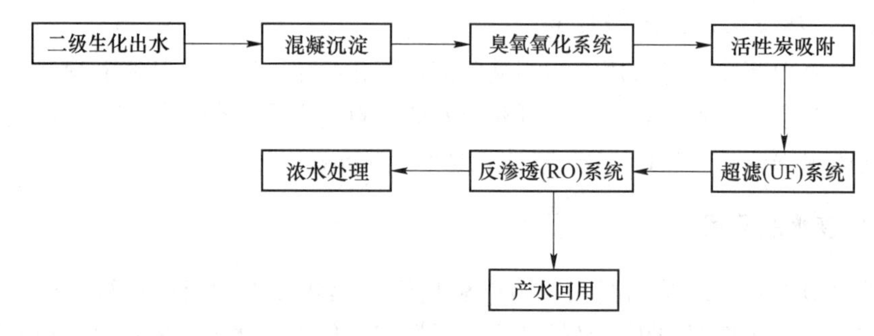

图 7-2　优化的焦化废水深度处理工艺流程

此外，还有其他研究的组合工艺用于处理焦化废水，如“预曝气+A/O+Fenton 氧化+高密澄清+多介质过滤+活性炭吸附+超滤+反渗透”等。产水水质优于《工业循环冷却水处理技术规范》（GB 50050—2017）中再生水水质指标要求。

7.3.3.2　回用为杂用水

大型钢企通常有杂用水处理及供应系统，因此可以将焦化废水深度处理到一定程度后与生产、生活回用水混合使用，主要依靠稀释的方式使焦化废水的 COD、总溶解固体等指标达到杂用水水质标准，这需要从全厂的水量平衡角度综合考虑，并对杂用水使用过程中二次污染的情况进行研究及评估。

针对焦化废水深度处理及回用技术的研究较多，但工程应用较少，主要难度在深度处理技术工业化的不成熟以及投资、运行费用较高。因此，一方面应加大高级氧化技术的工业化进度；另一方面，应在钢厂内寻找消纳源，实现焦化废水的分散式消纳，从而大大降低深度处理的规模，这需要水处理技术工作者结合钢企生产人员自下而上进行系统分析和研究。

7.4　高炉废水的循环利用

高炉炼铁工艺是将原料（矿石和熔剂）及燃料（焦炭）送入高炉，通入热风，使原料在高温下熔炼成铁水，同时产生炉渣和高炉煤气。炼铁厂包含高炉、热风炉、高炉煤气洗涤设施、鼓风机、铸铁机、冲渣池等，以及与之配套的辅助设施。

7.4.1 高炉废水的来源

高炉和热风炉的冷却、高炉煤气的洗涤、炉渣水淬和水力输送是主要的用水装置，此外还有一些用水量较小或间断用水的地方。以用水的作用来看，炼铁厂的用水可分为：设备间接冷却水；设备及产品的直接冷却水；生产工艺过程用水及其他杂用水。随之而产生的废水也就是间接冷却废水、设备或产品的直接冷却废水及生产工艺过程中的废水。炼铁厂生产工艺过程中产生的废水主要是高炉煤气洗涤水和冲渣废水。

炼铁厂的所有给水，除极少量损失外，均转为废水，所以用水量基本上与废水量相当。高炉煤气洗涤水是炼铁厂的主要废水，其特点是水量大，悬浮物含量高，含有酚、氰等有害物质，危害大，所以它是炼铁厂具有代表性的废水。

7.4.2 高炉废水的处理

高炉废水的处理技术主要有悬浮物的去除、温度的控制、稳定水质、沉渣的脱水与利用、重复用水等五方面内容。

（1）悬浮物的去除。炼铁厂废水的污染，以悬浮物污染为主要特征，高炉煤气洗涤水悬浮物含量达1000~3000mg/L，经沉淀后出水悬浮物含量应小于150mg/L。鉴于混凝药剂近年来得到广泛应用，高炉煤气洗涤水大多采用聚丙烯酰胺与铁盐并用，取得良好效果。

（2）温度的控制。用水后水温升高，通称热污染，循环用水而不排放，热污染不构成对环境的破坏。但为了保证循环，针对不同系统的不同要求，应采取冷却措施。炼铁厂的几种废水都产生温升，由于生产工艺不同，有的系统可不设冷却设备，如冲渣水。水温的高低，对混凝沉淀效果以及解垢与腐蚀的程度均有影响。设备间接冷却水系统应设冷却塔，而直接冷却水或工艺过程冷却系统，则应视具体情况而定。

（3）稳定水质。在水中投入石灰乳，利用石灰的脱硬作用，去除暂时硬度，使水软化。加药稳定水质的机理是在水中投加有机磷类、聚羧酸型阻垢剂，利用它们的分散作用、晶格畸变效应等优异性能，控制晶体的成长，使水质得到稳定。最常用的水质稳定剂有聚磷酸钠、NTMP（氮基膦酸盐）、EDP（乙醇二膦酸盐）和聚马来酸酐等。

（4）沉渣的脱水与利用。炼铁厂的沉渣主要是高炉煤气洗涤水沉渣和高炉渣，都是用之为宝、弃之为害的沉渣。高炉水淬渣用于生产水泥，已是供不应求的形势，技术也十分成熟。高炉煤气洗涤沉渣的主要成分是铁的氧化物和焦炭粉，将这些沉渣加以利用，经济效益十分可观，同时也减轻了对环境的污染。

（5）重复用水。应该指出，悬浮物的去除、温度的控制、稳定水质和沉渣的脱水与利用是保证循环用水必不可少的关键技术，一环扣一环，哪一环解决不好，循环用水都是空谈。它们之间又不是孤立的，互相联系，互相影响，所以要坚持全面处理，形成良性循环。

7.4.3 高炉煤气洗涤水的处理

7.4.3.1 高炉煤气洗涤水的来源

从高炉引出的煤气称为荒煤气，先经过重力除尘，然后进入洗涤设备。煤气的洗涤和冷却是通过在洗涤塔和文氏管中水、气对流接触而实现的。由于水与煤气直接接触，煤气中的细小固体杂质进入水中，水温随之升高，一些矿物质和煤气中的酚、氰等有害物质也被部分地溶入水中，形成了高炉煤气洗涤水。

7.4.3.2 高炉煤气洗涤水处理工艺流程

高炉煤气洗涤水处理工艺主要包括沉淀（或混凝沉淀）、水质稳定、降温（有炉顶发电设施的可不降温）、污泥处理四部分。

代表性的工艺流程包括石灰软化-碳化法、投加药剂法、酸化法等。

（1）石灰软化-碳化法工艺流程。洗涤煤气后的污水经辐射式沉淀池加药混凝沉淀后，出水的80%送往降温设备（冷却塔），其余20%的出水泵往加速澄清池进行软化，软化水和冷却水混合流入加烟井进行碳化处理，然后泵送回煤气洗涤设备循环使用。从沉淀池底部排出泥浆，送至浓缩池进行二次浓缩，然后送真空过滤机脱水。浓缩池溢流水回沉淀池，或直接去吸水井供循环使用。瓦斯泥送入贮泥仓，供烧结作原料。

（2）投加药剂法工艺流程。洗涤煤气后的废水经沉淀池进行混凝沉淀，在沉淀池出口的管道上投加阻垢剂，阻止碳酸钙结垢，同时防止氧化铁、二氧化硅、氢氧化锌等结合生成水垢，在使用药剂时应调节 pH 值。为了保证水质在一定的浓缩倍数下循环，定期向系统外排污，不断补充新水，使水质保持稳定。

（3）酸化法工艺流程。从煤气洗涤塔排出的废水，经辐射式沉淀池自然沉淀（或混凝沉淀），上层清水送至冷却塔降温，然后由塔下集水池输送到循环系统，在输送管道上设置加酸口，废酸池内的废硫酸通过胶管适量均匀地加入水中。沉泥经脱水后，送烧结利用。

7.4.4 高炉冲渣废水的处理

高炉渣水淬方式虽包括渣池水淬和炉前水淬两种，但高炉冲渣废水一般指炉前水淬所产生的废水。该工艺过程对循环水质要求低，冲渣废水经渣水分离后即可循环。渣水分离的方法有以下几种。

（1）渣滤法。将渣水混合物引至一组滤池内，由渣本身作滤料，使渣和水通过滤池将渣截流在池内，并使水得到过滤。过滤后的水悬浮物含量很少，且在渣滤过程中，可以降低水的暂时硬度，滤料也不必反冲洗，循环使用比较好实现。但滤池占地面积大，一般都要几个滤池轮换作业，并难以自动控制，因此渣滤法只适用于小高炉的渣水分离。

（2）槽式脱水法。将冲渣水用泵打入一个槽内，槽底、槽壁均用不锈钢丝网拦挡，犹如滤池，但脱水面积远远大于滤池，故占地面积较少。脱水后的水渣由槽下部的阀门控制排出，装车外运；脱水槽出水夹带浮渣，一并进入沉淀池，沉淀下的渣再返回脱水槽，溢流水经冷却循环使用。

（3）转鼓脱水法。将冲渣水引至一个转动着的圆筒形设备内，通过均匀的分配，使渣水混合物进入转鼓，由于转鼓的外筒是由不锈钢丝编织的网格结构，进入转鼓内的渣和水很快得到分离。水通过渣和网，从转鼓的下部流出；渣则随转鼓一道做圆周运动。当渣被带到圆周的上部时，依靠自重落至转鼓中心的输出皮带机上，将渣运出，实现水与渣的分离。该法所有的渣均在转鼓内被分离，没有浮渣产生，且不必再设沉淀设施，极大地提高了效率。该法应用前景广阔。

7.5 炼钢废水的循环利用

炼钢是将生铁中含量较高的碳、硅、磷、锰等元素去除或降低到允许值之内的工艺过程。炼钢方法一般为转炉炼钢，并以氧气顶吹转炉炼钢为主。电炉多用于冶炼一些特殊钢，平炉炼钢已被淘汰。

7.5.1 炼钢废水的来源

炼钢废水的来源主要分为四类：

(1) 设备间接冷却水。这种废水的水温较高，水质未受到污染，采取冷却降温后可循环使用，不外排。但必须控制好水质稳定，否则会对设备产生腐蚀或结垢阻塞现象。

(2) 设备和产品的直接冷却废水。主要特征是含有大量的氧化铁皮和少量润滑油脂，经处理后方可循环利用或外排。

(3) 生产工艺过程废水，实际上就是指转炉除尘废水。由于车间组成、炼钢工艺、给水条件的不同，炼钢废水的水量有所差异。

(4) 真空脱气蒸汽冷凝器排水。钢水真空脱气装置往往采用蒸汽喷射泵，其蒸汽冷凝器的排水中含有悬浮物约 120mg/L，水温约 44℃。

7.5.2 转炉除尘废水的特性

众所周知，炼钢过程是一个铁水中碳和其他元素氧化的过程。铁水中的碳与吹入的氧发生反应，生成 CO，随炉气道从炉口冒出。如果炉口处没有密封，大量空气通过烟道口随炉气道进入烟道，在烟道内，空气中的氧气与炽热的 CO 发生燃烧反应，使 CO 大部分变成 CO_2，同时放出热量，这种方法称为燃烧法。而回收含 CO 的炉气，作为工厂能源的一个组成部分，这种炉气叫转炉煤气；这种处理过程，称为回收法，或叫未燃法。

燃烧法烟气的除尘水水质特点是：(1) CO 被氧化为 CO_2 而溶入水中，pH 值较低（8~9）；(2) 水温较高（60~65℃）；(3) 含尘以 Fe_2O_3 为主，粒度小；(4) 废水中悬浮物量约 1000~2000mg/L。

未燃法烟气的除尘水水质特点是：(1) 溶入的 CO_2 较少，pH 值较高（10~11）；(2) 水温较低，一般仅 50℃左右；含尘以 FeO 为主，粒径较大；(3) 废水中悬浮物含量约 1000~23000mg/L。

除尘水的水质分析见表 7-1，废水中炉尘的化学成分见表 7-2，其粒度分布见表 7-3。

表 7-1 废水水质分析

废水类别	悬浮物 /mg·L^{-1}	OH^- /mg·L^{-1}	CO_3^{2-} /mg·L^{-1}	HCO_3^- /mg·L^{-1}	暂时硬度 /mg·L^{-1}	总硬度 /mg·L^{-1}	负硬度 /mg·L^{-1}	F^- /mg·L^{-1}
燃烧法烟气废水	≤2037	—	1.97~6.59	29.54~33.93	2.42~2.93	2.42~2.93	33.01~33.55	14.5
未燃法烟气废水	≤22736	2~3.73	—	6.02~10.95	0.07~4.28	0.4~16.70	—	67.8

表 7-2 废水中炉尘的化学成分 (%)

废水类别	Fe_2O_3	FeO	SiO_2	CaO	MnO	C	其他
烟气废水燃烧法	82.58	6.83	1.53	1.07	0.25	1.05	6.69
烟气废水未燃法	16.20	67.16	3.64	9.04	0.74	1.60	1.62

表 7-3 炉尘粒度分布 (%)

粒度/μm	>100	100~40	40~10	<10	>10	5~10	2~5	<2
烟气废水燃烧法	—	—	—	—	21.60	59.90	15.10	3.40
烟气废水未燃法	8	17	59	16	—	—	—	—

这两种不同的炉气处理方法，给除尘废水带来不同的影响。含尘烟气一般均采用两级文丘里洗涤器进行除尘和降温。使用过后，通过脱水器排出，即为转炉除尘废水。

7.5.3 转炉除尘废水的处理

7.5.3.1 转炉除尘废水的处理关键技术

转炉除尘废水处理的关键技术包括：一是悬浮物的去除；二是水质的稳定；三是污泥的脱水与回收。

（1）悬浮物的去除。转炉除尘废水中的悬浮物杂质均为无机化合物，采用自然沉淀的物理方法，虽能使出水悬浮物含量达到 150~200mg/L 的水平，但循环利用效果不佳，必须采用强化沉淀的措施。一般在辐射式沉淀池或立式沉淀池前加混凝药剂，或先通过磁凝聚器经磁化后进入沉淀池。最理想的方法应使除尘废水进入水力旋流器，利用重力分离的原理，将颗粒大于 60μm 的悬浮颗粒去掉，以减轻沉淀池的负荷。废水中投加 1mg/L 的聚丙烯酰胺，可使出水悬浮物含量达到 100mg/L 以下，效果非常显著，可以保证正常的循环利用。此外，由于转炉除尘废水中悬浮物的主要成分是铁皮，采用磁凝聚器处理含铁磁质微粒十分有效，氧化铁微粒在流经磁场时产生磁感应，离开时具有剩磁，微粒在沉淀池中互相碰撞吸引凝成较大的絮体从而加速沉淀，并能改善污泥的脱水性能。

（2）水质的稳定。由于炼钢过程中必须投加石灰，在吹氧时部分石灰粉尘还未与钢液接触就被吹出炉外，随烟气道进入除尘系统，因此，除尘废水中 Ca^{2+} 含量相当多，它与溶入水中的 CO_2 反应，致使除尘废水的暂时硬度较高，水质失去稳定。采用沉淀池后投入分散剂或水质稳定剂的方法，在螯合、分散的作用下，能较成功地防垢、除垢。投加碳酸钠也是一种可行的水质稳定方法。Na_2CO_3 和石灰［$Ca(OH)_2$］反应，形成 $CaCO_3$ 沉淀：

$$CaO + H_2O = Ca(OH)_2 \tag{7-1}$$

$$Na_2CO_3 + Ca(OH)_2 = CaCO_3\downarrow + 2NaOH \tag{7-2}$$

而生成的 NaOH 与水中 CO_2 作用又生成 Na_2CO_3，从而在循环反应的过程中，使 Na_2CO_3 得到再生，在运行中由于排污和渗漏所致，仅补充一定量的 Na_2CO_3 保持平衡。

此外，利用高炉煤气洗涤水与转炉除尘废水混合处理，也是保持水质稳定的一种有效方法。由于高炉煤气洗涤水含有大量的 HCO_3^-，而转炉除尘废水含有较多的 OH^-，使两者结合，发生如下反应：

$$Ca(OH)_2 + Ca(HCO_3)_2 \xlongequal{} 2CaCO_3\downarrow + 2H_2O \quad (7\text{-}3)$$

生成的碳酸钙正好在沉淀池中除去，这是以废治废、资源化利用的典型实例。

(3) 污泥的脱水与回收。转炉除尘废水，经混凝沉淀后可实现循环使用，但沉积在池底的污泥必须予以恰当处理。转炉除尘废水污泥含铁达70%，有很高的利用价值。处理此种污泥与处理高炉煤气洗涤水的瓦斯泥一样，国内一般采用真空过滤脱水的方法，脱水性能比较差，脱水后的泥饼很难被直接利用，制成球团可直接用于炼钢。

7.5.3.2 转炉除尘废水的处理工艺流程

顶吹转炉烟气湿式除尘废水的一般处理流程如图7-3所示。由一级文氏管排出的废水含有5000~15000mg/L的悬浮物。废水在粗颗粒分离装置中除去大粒悬浮物后，投加混凝剂在混凝沉淀池中除去细粒悬浮物及胶体。废水经水质稳定处理后（加防垢剂、水质稳定剂等）进入冷却塔降温。处理水送至二级文氏管，其出水含悬浮物约1600~2000mg/L，可串级用于一级文氏管。沉淀污泥经浓缩脱水后予以回收利用。粗粒分离装置一般采用带有螺旋分离机的圆形锥底沉淀池或水力旋流器。混凝沉淀池采用带有自动刮泥设备且底部排泥的浓缩池，其出水水质一般含悬浮物约50mg/L。污泥浓缩采用自动刮泥的浓缩池。脱水装置采用板框压滤机、真空过滤机或带式压滤机等。冷却塔采用机力鼓风式，以防灰尘堵塞风机。

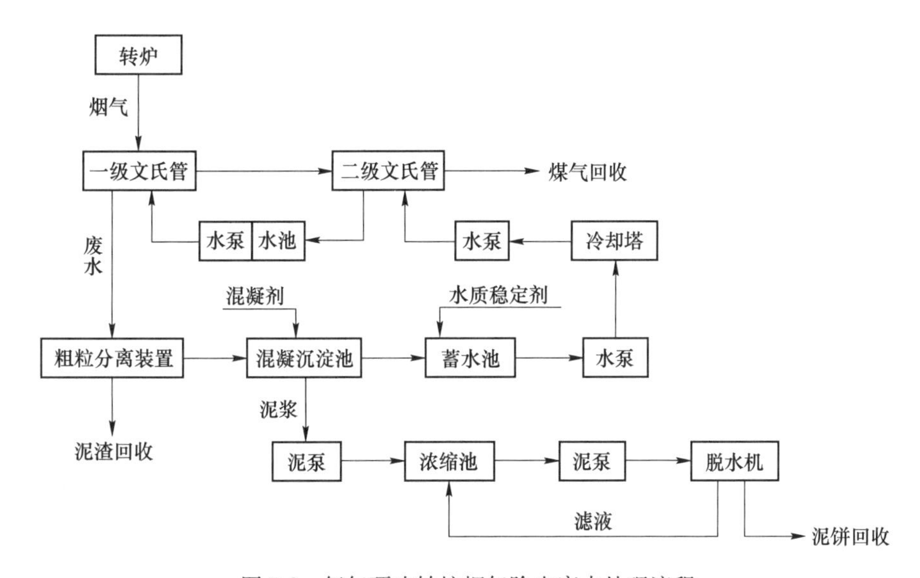

图7-3 氧气顶吹转炉烟气除尘废水处理流程

7.5.4 真空脱气蒸汽冷凝器排水的处理

钢包真空吹氧脱碳法（VOD）排出的废水中，有研究表明，炉尘的粒度分布为：大于100μm的占35.3%；63~100μm的占3.0%；40~63μm的占5.03%；28~40μm的占7.63%；10~28μm的占6.22%；5~10μm的占16.35%；小于5μm的占26.47%。

由于冷凝器进水的悬浮物含量要求不大于100mg/L，故仅将部分排水进行澄清处理，再将混合水冷却，即可满足循环使用要求，处理流程如图7-4所示。

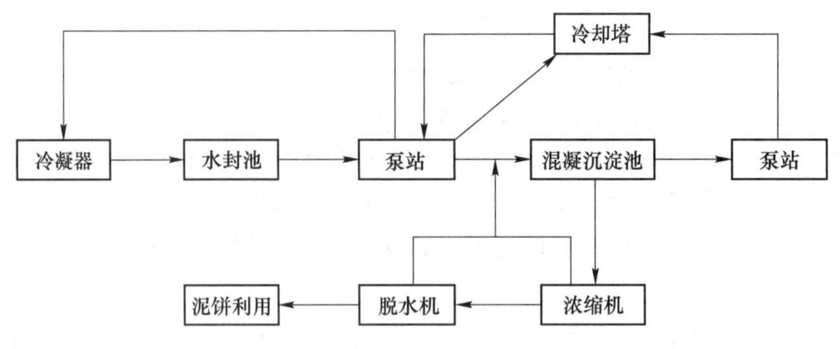

图 7-4　真空脱气蒸汽冷凝器排水处理流程

7.6　连铸废水的循环利用

传统的炼钢生产工艺是炼出的钢水浇注在钢锭模内，经冷却、脱模后，送初轧车间进行开坯，最后才送至各种成品轧机加工成具有各种用途的钢材。连铸工艺省去了模铸和初轧开坯的工序，钢水直接浇入连铸机的结晶器，使液态金属急剧冷却并形成钢坯硬壳，从结晶器后部用拉钢机连续地将结成硬壳的钢坯拉出并进入二次冷却区。二次冷却区由辊道和喷水冷却设备构成。钢坯在二次冷却区受到各方面喷淋水的冷却或汽水冷却，逐渐完成整个截面上的结晶凝固过程。钢坯从二次冷却区被拉出以后，用机械切断机或火焰切断机切割成所需的尺寸，堆放或直接送至成品轧机进行加工。结晶器可根据需要装成任意断面形状的活动铸模，因此，进入结晶器的钢液在离开结晶器时就变成所需要的钢坯形状。连铸工艺的实施，简化了加工钢材的程序，不但能大量节省基建投资和运行费用，而且还可减少金属、能源消耗和增加金属回收率。连铸机的使用是钢铁工业的一次重大工艺改革。

7.6.1　连铸废水的来源

连铸废水主要来自三个方面：一是设备间接冷却废水；二是设备和产品的直接冷却废水；三是除尘废水。

（1）设备间接冷却废水。设备间接冷却废水主要指结晶器和其他设备的间接冷却废水。因为是间接冷却，所以使用过的水经降温后即可循环使用，称为净环水。单位耗水量一般为 5~20m^3/t 钢。在循环供水过程中，应注意做到水质稳定，净环水的水质稳定主要包括防结垢、防腐蚀、防藻类等生物污泥，并且包括一定量的排污，以平衡系统中的悬浮物含量和各种盐类物质的含量。

（2）设备和产品的直接冷却废水。设备和产品的直接冷却废水，主要指二次冷却区产生的废水。由拉辊的牵引，钢坯在进入二次冷却区时，虽然表面已经固化，但内部却还是炽热的钢液，温度很高，此时将由大量的喷嘴从四面八方向钢坯喷水，一方面钢坯进一步冷却固化，另一方面保护该区的设备不致因过热而变形，甚至损坏。经过喷淋，冷却水不但被加热，而且还会被氧化铁皮和油脂所污染。二次冷却区的单位耗水量一般为 0.5~0.8m^3/t 钢。为改善连铸坯表面质量和防止金属不均匀冷却，在浇注工艺上，往往还要加入一些其他物质，这样就将使二次冷却区的废水不但含有氧化铁皮和油脂，而且还可能含有硅钙合金、萤石、石墨等。

（3）除尘废水。连铸除尘废水主要是指设在连铸机后步工序中的火焰清理机的除尘废水。火焰清理机所产生的废水有三种：一是水力冲洗槽排出的废水；二是冷却火焰清理机的设备和给料辊道冷却水；三是清洗在钢坯火焰清理时产生的煤气（煤气的含尘量可达 $2g/m^3$）所产生的废水。

生产实践表明，火焰清理机废水主要含固体杂质，其中冷却设备及辊道和冲洗的氧化铁皮颗粒比较大，煤气清洗废水中含的是呈金属细粉末状的分散型杂质。此外，少量用于润滑辊道轴承的机油也进入废水中。一般火焰清理机废水的悬浮物含量在440~1100mg/L，煤气清洗废水悬浮物为1500mg/L左右。

7.6.2 连铸废水的处理工艺

二次冷却区由机架、辊道和喷水冷却设备构成，喷淋冷却用水称为连铸浊环水。连铸浊环水含氧化铁皮、油和其他杂质，并且水温高成为它的特点。同时，连铸浊环水与钢铁其他浊环水系统不同，如高炉煤气洗涤水、转炉除尘水等浊环水系统受水中污染物影响其主要化学成分发生显著变化，而连铸浊环水的pH值、电导率、碱度、Ca^{2+}、Cl^-等指标不受水中氧化铁皮、油等污染物的影响，因而连铸浊环水又具有净环水的特点。

根据连铸浊环水的特点，连铸浊环水处理工艺由粗颗粒和浮油的去除、絮凝沉淀、过滤、水质稳定、降温、污泥处置等水处理单元组成。常用的水处理设施有旋流沉淀池、絮凝沉淀池、过滤器、冷却塔、浮油去除装置、加药装置、污泥处置设备等。

代表性的工艺流程主要包括高效斜窄流集成式工艺及稀土磁盘工艺等。

7.6.2.1 高效斜窄流集成式沉淀除油装置处理连铸污水

高效斜窄流集成式沉淀除油装置处理连铸污水工艺流程如图7-5所示。该流程中关键设备是斜窄流集成式沉淀除油装置。其采用斜浅层沉淀原理，就是通过缩短沉淀（或上浮）的距离和时间，提高效率和产能。与重力场内一般沉淀过程相比，斜浅层内沉淀固体颗粒或上浮油清单位占地面积在理论上比普通重力沉降设备高20倍。其出水质量比前述几种工艺处理连铸污水中出水质量好。

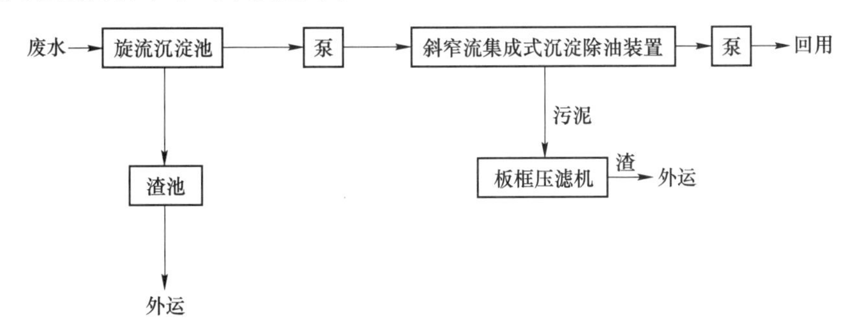

图7-5 高效斜窄流集成式沉淀除油装置处理连铸污水工艺流程

7.6.2.2 稀土磁盘工艺处理连铸污水

稀土磁盘工艺处理连铸污水工艺流程如图7-6所示。该设备应用效果的好坏决定于污水中含铁杂质成分的多少。其原理是利用稀土钕铁硼永磁材料的高强磁能积，通过稀土磁盘的聚磁组合，使连铸废水中的铁磁性物质微粒及通过落磁絮凝吸附在其上的非磁性物质微粒和乳化油，在磁场力作用下，克服流体阻力和微粒重力等机械外力，产生快速定向运动，吸附在稀土磁盘表面，从而将废水中SS和油吸附分离出来，再通过隔磁卸渣装置将稀土磁盘表面的吸附物卸下，刨入螺旋槽，经非磁性的输渣装置输出，实现连铸废水的净化并除掉吸附在微粒杂质上的油。

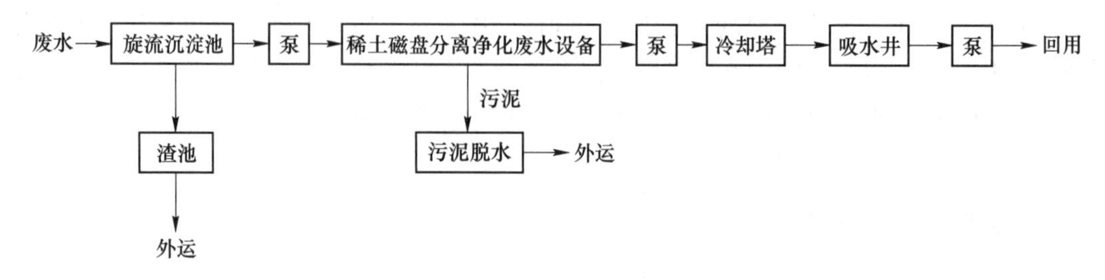

图7-6　稀土磁盘工艺处理连铸污水工艺流程

稀土磁盘分离净化工艺，克服了传统平流沉淀过滤工艺、化学除油工艺的缺陷，水处理效果相对较好且出水稳定，废水处理工艺流程短，其出水质量不受进水质量变化影响，管理简单。

7.7　轧钢废水的循环利用

在轧钢生产过程中也会产生大量废水，这些废水如果直接排放，也会对环境造成污染，同时会造成水资源浪费。

7.7.1　轧钢废水的分类

工业生产中轧钢废水可分为热轧废水和冷轧废水两种，主要污染物是粒度不同的氧化铁皮及润滑油类。热轧废水中含油废水的治理及废油的回收技术在轧钢废水处理中具有代表性，细颗粒含油氧化铁皮的浓缩、脱水处理等也是主要的治理内容。

工业中热轧钢废水是指钢铁厂热轧车间在通过轧辊将钢锭热轧成各种钢材以后需用水冷却轧辊，冲洗氧化铁皮最后产生的一种废水的过程。根据要求在工业中每轧制1t钢板约排出废水30~40m^3。冷轧废水种类较多，所含的污染物质较复杂，差别也大。其中冷轧乳化液的油脂浓度高、乳化浓度高，普遍含表面活性剂，是含油废水体系中处理难度比较大的一种废水。

7.7.2　轧钢废水的特点

在轧钢生产中，由于生产工艺不同，由此对给排水的要求不同，产生的污水性质也有很大的不同。

7.7.2.1　热轧废水

对于热轧厂，其污水主要来源于热轧生产中的直接冷却水（又称浊循环水），是直接冷却轧辊、轧辊轴承等设备及轧件时产生的。受生产工艺的影响，轧钢厂废水（主要是热轧）的主要污染特征包括：

（1）氧化铁皮微粒和金属粉尘等颗粒污染物含量高。在轧制过程中与冷却对象直接接触，因此大量粒度分布广的氧化铁皮微粒、金属粉尘被带入水中，颗粒粒径较大。

（2）水中含油类污染物。主线设备除了日常维护需要润滑油外，在各道工序上还要广泛采用液压装置，大量液压油循环的使用，导致液压油类物质在换油或出现事故漏油时进入浊循环水系统中。

（3）具有一定的酸碱性，水质差异大。热轧产品经过酸洗才能作为冷轧生产的原料，冷轧过程中需要用乳化液或棕榈油作润滑、冷却液，因此冷轧生产过程中将产生废酸、酸性废水及含乳化油液的废水。镀锌生产过程中冷轧带钢在松卷退火及表面处理时，将产生碱性含油废水，在表面处理过程中还将产生含酸、碱、油及含铬类废水。

（4）可能形成热污染。使用后热轧废水的温度较高，若大量废水直接排出时，将造成一定的热污染。

由于热轧废水的以上特征，处理时主要采用沉淀、机械除油、过滤、冷却等物理方法，处理后的废水一般进行循环利用。

7.7.2.2 冷轧废水

冷轧废水对环境的污染主要是化学污染，主要污染物是酸、碱、油、乳化液及有毒金属。根据机组组成不同，有时还含有铬、氰酸盐等。污水成分复杂。另外，由于冷轧厂各机组产量、生产能力和作业率不同，集中处理的冷轧废水量及废水成分波动很大。

7.7.3 热轧浊环水的处理

7.7.3.1 热轧浊环水的处理关键技术

热轧浊环水治理主要解决两方面的问题，一方面是通过多级净化和冷却，提高循环水的水质，以满足生产上对水质的要求，同时减少排污和新水补充量，使水的循环利用率得到提高；另一方面是回收已经从污水中分离的氧化铁皮和油类，以减少其对环境的污染。处理含细颗粒氧化铁皮废水，多采用混凝沉淀的治理方式。

（1）氧化铁皮的去除。主要是采用重力分离法，其中有旋流分离、斜板沉淀、斜管沉淀与平流沉淀。这些方法只能去除废水中的较粗颗粒的氧化铁皮颗粒，对于粉状以及与油黏混在一起的微粒，则去除甚微。采用高分子膜过滤法，可以去除这类物质，但由于膜易被堵塞，再生较困难，且使用寿命短，膜的制造成本较高，废水加压膜滤的电耗高，故目前尚未普遍应用，仅在美、日等发达国家有少量使用。

（2）油的去除。含油废水的处理方法见表7-4。

表7-4 含油废水处理方法一览表

方法名称		使用范围	去除粒径/μm	优点	缺点
物理法	重力分离	浮油、分散油	>60	处理量大，效果稳定，运行费用低	占地面积大
	过滤	分散油、乳化油	>10	处理效果好，投资少	工艺要求高
化学法	化学絮凝	乳化油	>10	效果好，操作简单，工艺成熟	占地面积大
	盐析	分散油、乳化油	>10	一般作为预处理	油水分离时间长，占地面积大

续表 7-4

方法名称		使用范围	去除粒径/μm	优点	缺点
物理化学法	超声波	分散油、乳化油	>10	分离效果好	设备昂贵，不易大量处理
	磁分离	分散油、乳化油	>10	速度快，占地面积小，效率高	难规模应用
	溶浮选	分散油、乳化油	>10	效果好，工艺成熟	占地面积大，浮渣多
	吸附	溶解油	<10	出水好，占地面积小	投资而吸附剂再生困难
	粗粒化	分散油、乳化油	>10	设备小，操作简单	滤料易堵，适用范围窄
生物化学法	活性污泥	溶解油	<10	出水好，基建费用较低	进水要求高，管理严格
	生物膜	溶解油	<10	适应性强，运行费用低	基建费用较高
	氧化塘	溶解油	<10	投资少，效果好，管理方便	占地面积大
电化学法	电解	乳化油	>10	效率高，可连续操作	耗电量大，设备复杂，难工业化
	电解氧化	乳化油、溶解油	<10	效果好，适应性广，占地面积小	耗电量大，电极要求高
	电磁吸附	乳化油	<60	除油率高，占地面积小	耗电量大，磁种要求高，价格昂贵

对于热轧浊循环水既要去除水中溶解的大量油类，又要同时兼顾去除水中溶解的有机物、悬浮物、酸碱、硫化物和氨氮等。其处理手段大体为以物理方法分离，以化学方法去除，以生物法降解。在 20 世纪 70 年代，各国广泛采用气浮法去除水中悬浮态乳化油，同时结合生物法降解。日本学者研究出用电絮凝剂处理含油废水、用超声波分离乳化液，用亲油材料吸附油。

近几年发展用膜法处理含油废水，该法一般可不经过破乳过程，直接实现油水分离，且过程中不产生含油污泥，浓缩液可焚烧处理；透过水量和水质较稳定，不随进水中油分浓度波动而变化；一般只需压力循环水泵，设备费用和运转费用低，特别适合高浓度乳化油废水的处理。膜分离除油关键在于膜的选择。目前用于油水分离的膜通常是反渗透、超滤和微滤膜，膜主要是按被过滤物质质点的大小来分，反渗透膜一般只允许溶剂粒子透过，而其中的小分子、大分子及微粒不能透过；超滤膜可允许溶剂粒子和小分子透过，而大分子和微粒不能透过；微滤膜则只能阻止微粒的通过。

7.7.3.2 热轧浊环水的处理工艺

国内热轧厂的浊环水处理流程主要由铁皮坑、除油池、旋流沉淀池、二沉池、重力或压力过滤器及冷却塔等构筑物搭配组合而成。因生产工艺的要求和治理深度的不同有不同的组合，但总的都要保证循环使用条件。

热轧浊环水处理工艺较多，但传统的处理工艺存在问题较多，如沉淀过滤法无法解决污水脱色问题造成系统水质差、化学除油法药剂投加量大、运行成本高且易造成污泥处理系统堵塞等。目前，代表性的热轧浊环水处理工艺有稀土磁盘工艺、搅拌气浮工艺等。

（1）稀土磁盘工艺。稀土磁盘工艺利用稀土钕铁硼永磁材料等，通过稀土磁盘的聚磁组合，实现工作空间的高磁场强度和高磁场梯度，使轧钢废水中铁磁性物质微粒及絮凝吸附在其上的非磁性物质微粒和油渣，在磁场力作用下，克服流体阻力和微粒重力等外力，产生快速定向流动，吸附在稀土磁盘表面，从而将废水中的悬浮物和油吸附分离出来，再通过隔磁卸渣装置将稀土磁盘表面的吸附物卸下，刨入螺旋槽，经非磁性的输渣装置输出，从而实现轧钢废水的净化和循环使用。

（2）搅拌气浮工艺。搅拌气浮工艺是利用搅拌器或管道搅拌器产生的搅拌力，使得平流池入水中的细氧化铁皮表面附着的部分油膜剥离至水中，然后通过高效溶气装置产生的微米级小气泡将水中的油分（浮油和分散油）和悬浮物上浮至平流池表面，从而降低了平流池出水的含油量和悬浮物，同时也降低了注入平流池底部铁泥的含油率。该工艺在鞍钢热轧带钢厂 1780 生产线浊环水处理系统获得应用。

7.8 混合冶金废水的循环利用

以某钢厂炼焦、炼铁、炼钢等工序产生的混合冶金废水为例，处理工艺流程图如图 7-7 所示。

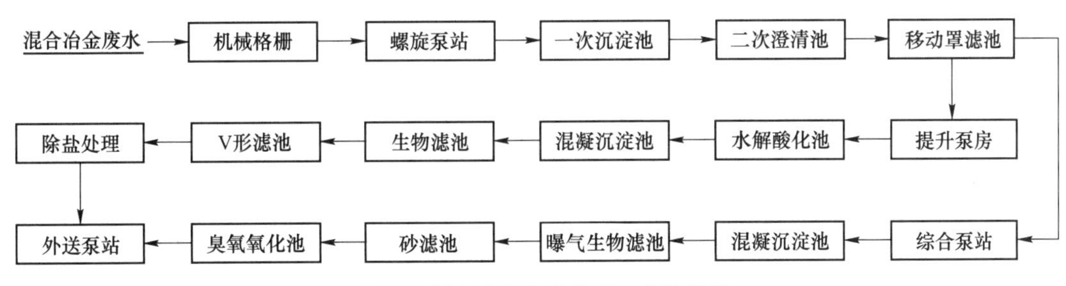

图 7-7 混合冶金废水处理工艺流程图

混合冶金废水具体处理过程为：

（1）预处理（简单物化处理）。炼钢水、炼焦水等进入机械格栅，去除大型杂质、树叶等，再进入螺旋泵站，对其进行液位提升，同时加入混凝剂，可实现重力自流，流量大、扬程小。再进行水处理，经过上面为圆柱体、底部圆锥的一次沉淀池，通过周转臂（定期清理明渠）刮去浮油，加入助凝剂通过闪电搅拌器，4 池一组通过溢流进入二次澄清池辐射管，原来使用消石灰澄清软化水体，现在加入助凝剂，通过调整回收比得到最好反应效果。下一步进入移动罩滤池，共有 8 座长方形田字格，水由上至下，内部布满石英砂用来过滤泥浆，反洗泥浆通过搅拌，密度差真空抽走泥浆。

预处理后水一部分进入加压泵站送到冷却水，一部分进行水解酸化深度处理 1 期，一部分进入综合泵站进入深度处理 2 期。

（2）一次深度处理（生物处理，主要降低 COD）。首先经过预处理后的水进入提升泵房提升水位，再通过水解酸化池重力自流池内布满填料，水由下至上，发生厌氧反应，活性污泥载体培养细菌。再进入混凝气浮池发生好氧反应，气浮池表面油膜使用刮痧板刮去油膜，后进入两级生物滤池发生好氧反应，滤池充满填料，底部进水，上部出水，反洗水进螺旋泵房循环处理，再进入 V 形滤池，与生物滤池一样去除悬浮物。后一部分除盐处理，通过超滤反渗透，一部分送入外送泵站。

（3）二次深度处理（生物处理，主要除氨氮）。首先在综合泵站提升水位，也是个送水泵站，再经过混凝沉淀池送入曝气生物滤池，通过砂滤，进入臭氧氧化池，最后外排实现循环。

（4）浓缩池（围绕污泥处理）。污泥进入泥系统处理，一级沉淀池、混凝气浮池产生的杂质泥送到浓缩池，进行污泥脱水，通过板块泥浆泵送入压滤机，压滤机的滤布滤板压滤，泥饼掉入皮带定期送走，水进入螺旋泵房再次进入污水处理系统。

7.9 氨氮废水的循环利用

氨氮废水的处理技术种类繁多，常见的处理方法有空气吹脱法、鸟粪石沉淀法、催化氧化法、离子交换法、折点氯化法及生物法等。根据氨氮浓度不同选用不同的处理方法，一般对于氨氮浓度较高（NH_3-N>50mg/L）且生物毒性较大的废水，常采用物化方法进行处理。其中，空气吹脱法、鸟粪石沉淀法适用于高浓度氨氮废水处理，离子交换法、折点氯化法适用于中低浓度氨氮废水处理。

7.9.1 空气吹脱法

吹脱法脱除水中氨氮，是利用 NH_4^+ 和 NH_3 之间的动态平衡，在碱性条件下控制水温负荷及气液比，将气体通入水中，使气液充分接触，同时水中溶解的游离氨穿过气液界面，向气相转移，从而达到去除废水中氨氮的目的，常用空气或热蒸汽作载体。吹脱法是目前比较成熟的高浓度氨氮废水处理工艺，主要采用吹脱塔设备，吹脱塔内具有一定高度的填料层，从而极大地促进气液界面之间的传质，吹脱出的氨氮进入冷凝设备回收液氨或进入硫酸吸收塔回收硫酸铵。

空气吹脱法通常用于高浓度氨氮废水的预处理。该工艺技术成熟，除氨氮效果稳定，操作简单，容易控制。但该工艺需要消耗热能和大量碱，且吹脱出的氨气处理不当易造成二次污染，出水 pH 值较高。

7.9.2 化学沉淀法

化学沉淀法又称为鸟粪石沉淀法或磷酸铵镁沉淀法。该方法是在氨氮废水中投加易溶性镁盐和磷酸盐，在弱碱性条件下二者与水中的 NH_4^+ 发生反应，生成溶解度较低的磷酸铵镁结晶（$MgNH_4PO_4 \cdot 6H_2O$）沉淀，从而使氨氮从废水中分离，得到的磷酸铵镁沉淀可以作为缓释肥原料。

化学沉淀法适用于处理高浓度氨氮废水。该方法处理效率较高，处理速度快，工艺流程简单，而且沉淀物磷酸铵镁具有一定的资源化利用价值，但也存在药剂成本较高，容易造成磷的残留并引起二次污染。因此，在保证处理效果的前提下，应当选用低成本镁盐和磷酸盐，同时探索磷酸铵镁沉淀的高附加值利用途径或将磷酸铵镁循环利用，以降低处理成本。

7.9.3　离子交换法

离子交换法是借助于固体离子交换剂表面的阳离子与稀溶液中的 NH_4^+ 离子进行交换，将氨氮固定在离子交换载体上，以达到去除溶液中氨氮的目的。离子交换剂交换量达到饱和后，可将载体上的 NH_4^+ 洗脱再生后可以重复使用。目前，采用离子交换法处理氨氮废水常用的材料是沸石。沸石具有较高的吸附容量和交换能力，尤其对 NH_4^+ 具有一定的选择性吸附能力，其价格远低于市售阳离子交换树脂，对于中低浓度的氨氮废水具有较好的处理效果。有研究表明，天然沸石对离子的选择交换顺序是：$Cs^+>Rb^+>K^+>NH_4^+>Sr^+>Na^+>Fe^{2+}>Al^{3+}>Mg^{2+}>Li^+$，可见沸石对氨氮的吸附具有较高的选择性。

沸石离子交换法适用于处理中低浓度氨氮废水，可与化学沉淀法和吹脱法联合使用，成本低廉，处理效果好，但吸附或交换容量有限，再生频繁，无法处理高浓度氨氮废水。

7.9.4　折点氯化法

折点氯化法是将氯气或次氯酸钠加入含有氨氮的废水中，通过产生的次氯酸将氨氮氧化为氮气去除。当 Cl：N 达到某一比例点时［理论值 $n(Cl):n(N)=1.5$］，水中氨氮的浓度可降为零且游离氯含量最低，此比例点称为折点。在实际废水处理中，由于有机物的存在，通常加氯折点会高于理论值。折点氯化法处理氨氮废水关键在于控制好加氯量，在保证氨氮处理效果的同时，避免余氯过高造成污染。

折点氯化法处理氨氮废水效果好，设备简单，反应速率快且反应完全，通入氯气对水体还可以起到消毒作用。但该方法加氯量大，运行费用高，因此该方法一般适用于处理饮用水或氨氮浓度较低的废水，不适合处理水量较大的高浓度氨氮废水。

7.10　含铬、钒废水的处理和循环利用

由于钒和铬化学性质相似，因此转炉提钒过程中铬也会和钒一同进入渣相中形成钒渣，经钠化焙烧-水浸过程一同进入浸出液中，经酸性铵盐沉钒实现钒铬分离后，上清液中残留大量的高价态钒、铬和沉钒时过量投加的铵盐所带入的氨氮。因此，主流钒工业排放的废水重金属浓度高、盐度高、对环境危害高且酸性强呈橙红色，成分复杂且水质波动较大，废水中主要污染物及其浓度范围如下：六价铬［Cr(Ⅵ)］约为 2000～4000mg/L，总铬（TCr）约为 2500～4500mg/L，钒（Ⅴ）约为 10～200mg/L，氨氮（NH_3-N）约为 2000～4000mg/L，废水 pH 值约为 2.0，且排放量较大。根据钒工业污染物排放标准（GB 26452—2011）要求，其污染物排放限值：Cr（Ⅵ）<0.5mg/L，TCr<1.5mg/L，V<1.0mg/L，NH_3-N<10mg/L（间接排放限制为 40mg/L），可见目前主流的钠化提钒工艺废水必须进行有效处理。

由于五价钒和六价铬的毒性较强，因此针对含有高价态钒和铬的高浓度废水处理技术一直是环保领域研究的热点，其处理方法种类繁多，常用的方法主要有化学沉淀法、电化学法、吸附法、光催化法及生物法。

7.10.1 化学沉淀法

化学沉淀法是指向废水中投加某些化学物质，使其与废水中的污染物发生化学反应，生成难溶于水的沉淀物，实现污染物与水体固液分离，从而将污染物从水中分离去除的方法。此类方法应用广泛，技术成熟可靠，处理效率高，处理量大，特别适用于处理高浓度重金属废水。在含有 Cr(Ⅵ)及 V(Ⅴ)的废水净化处理过程中，需先将毒性较高且易溶于水的高价态 Cr(Ⅵ)和 V(Ⅴ)在酸性条件下还原成毒性较小的低价态 Cr(Ⅲ)和 V(Ⅳ)，再调节 pH 值至中性，使其形成氢氧化物沉淀，过滤分离，其工艺流程如图 7-8 所示。

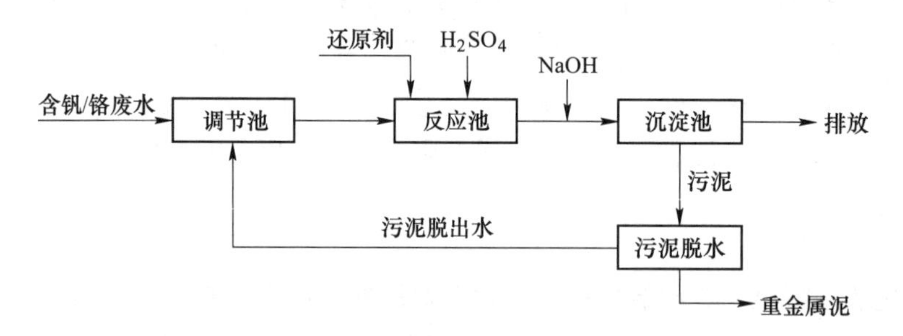

图 7-8 化学沉淀法工艺流程示意图

化学沉淀法的关键在于选择合适的还原剂，常用的还原剂有亚硫酸盐、亚铁盐及 SO_2 等无机还原剂，此外还有水合肼、还原性糖类及有机酸等。

7.10.2 电化学法

传统的电化学法是在电解槽内安装一系列的铁阳极，在电流作用下腐蚀生成亚铁离子，在酸性条件下还原 Cr(Ⅵ)，阴极生成 H_2。在处理过程中，溶液 pH 值不断升高，Cr(Ⅲ)则以氢氧化物形式从水中沉淀分离。目前，多采用废铁屑作为阳极材料，铁屑比表面积大，不易钝化，成本低廉。

7.10.3 吸附法

吸附法处理重金属废水，是指利用吸附材料因内部多孔、比表面积大及较高的表面活性从而具有的良好吸附性能和离子交换性能，达到将重金属离子从水中分离的目的。该方法操作简单成本低廉，处理效果好，二次污染小，特别适合处理低浓度重金属废水。吸附法的关键在于选择适合的吸附材料，通常良好的工业吸附材料需满足下列要求：吸附能力强、选择性好、吸附平衡浓度低、容易再生和再利用、机械强度好、化学性质稳定、来源广泛且成本低廉。

7.10.4 光催化法

光催化法处理废水中的重金属是指在光照条件下，光催化剂吸收超过其阈值的光子能量时导致电子跃迁（即从价带跃迁到导带）产生空穴（h^+）和光生电子（e^-），从而与吸附在光催化剂材料表面的重金属离子发生电子转移，实现重金属还原。

7.10.5　生物法

生物法处理含钒含铬废水主要是利用人工筛选、驯化培养出的具有还原或吸附能力的细菌菌株、真菌菌株、藻类或植物处理废水中的钒和铬，或利用废水中的V(Ⅴ)和Cr(Ⅵ)作为电子受体与微生物组成燃料电池，实现废水资源化利用。

7.10.6　主流钒工业废水的循环利用

主流钒工业废水（钠化焙烧提钒）是一种高浓度重金属酸性废水，其中含有大量的六价铬、总铬、钒及氨氮，对环境危害巨大且排放量较大。现有工艺多采用化学沉淀+吹脱法分别去除废水中的重金属及氨氮污染。以承德某钢铁公司钒厂为例，其目前运行的处理工艺是以焦亚硫酸钠作为还原剂，在酸性条件下将毒性较强的高价态Cr(Ⅵ)和V(Ⅴ)还原为Cr(Ⅲ)和V(Ⅳ)后，调节废水pH值至中性将钒铬沉淀分离；当废水中钒含量较高时，可先用聚合硫酸铁将废水中的钒进一步沉淀回收，随后再以亚硫酸盐还原处理。将重金属沉淀物的上清液及压滤液调节至pH值为13.0左右，以空气或热蒸汽吹脱废水中氨氮，并将吹脱出来的氨用稀硫酸吸收。

东北大学针对主流钒工业废水开展了“以废治废”的研究，选用湿式镁法烟气脱硫副产物及半干式钙法烟气脱硫灰分别进行了废水中主要污染物的去除研究，有效去除了废水中的钒、铬及氨氮，并获得了相应的铬镁尖晶石、三氧化二铬、鸟粪石等产品，同时废水达标排放或循环利用。

本 章 小 结

本章介绍了钢铁冶金废水的来源及分类，对不同冶金废水的处理分别进行了说明，详细论述了其循环利用的方法及工艺过程，并讨论了含铬、钒工业废水的处理方法。

习　题

7-1 钢铁冶金废水如何分类，各废水来源是什么，具有什么特性?

7-2 钢铁冶金废水循环利用的方法有哪些，工艺过程是怎么样的?

参考文献

[1] 郭培民，赵沛．冶金资源高效利用［M］．北京：冶金工业出版社，2012.
[2] 孟繁明．复合矿与二次资源综合利用［M］．北京：冶金工业出版社，2013.
[3] 张一敏．二次资源综合利用［M］．长沙：中南大学出版社，2010.
[4] 李光强，朱诚意．钢铁冶金的环保与节能［M］．北京：冶金工业出版社，2006.
[5] 杨合，程功金．无机非金属资源循环利用［M］．北京：冶金工业出版社，2021.
[6] 张朝晖，李林波，韦武强，等．冶金资源综合利用［M］．北京：冶金工业出版社，2011.
[7] 李林波，王斌，杜金晶．有色冶金环保与资源综合利用［M］．北京：冶金工业出版社，2017.
[8] 薛正良．钢铁冶金概论［M］．2 版．北京：冶金工业出版社，2016.
[9] 杨绍利．冶金概论［M］．北京：冶金工业出版社，2008.
[10] 杜长坤，高绪东，高逸锋，等．冶金工程概论［M］．北京：冶金工业出版社，2012.
[11] 冯乃谦．新实用混凝土大全［M］．北京：科学出版社，2005.
[12] 许荣辉．简明水泥工艺学［M］．北京：化学工业出版社，2013.
[13] 竹涛，舒新前．矿山固体废物综合利用技术［M］．北京：化学工业出版社，2012.
[14] 张佶．矿产资源综合利用［M］．北京：冶金工业出版社，2013.
[15] 郑艳霞．土壤与肥料［M］．北京：中国农业出版社，2019.
[16] 方树良．土壤肥料学［M］．北京：中央广播电视大学出版社，2014.
[17] 王欣，陈梅梅，姜艳艳，等．建筑材料［M］．北京：北京理工大学出版社，2019.
[18] 杨保祥，胡鸿飞，唐鸿琴，等．钒钛清洁生产［M］．北京：冶金工业出版社，2017.
[19] 黄道鑫．提钒炼钢［M］．北京：冶金工业出版社，2000.
[20] 莫畏．钛［M］．北京：冶金工业出版社，2008.
[21] 薛向欣，杨松陶，张勇．高炉流程冶炼含铬型钒钛磁铁矿——理论与实践［M］．北京：科学出版社，2020.
[22] 薛向欣，杨合，姜涛．含钛高炉渣生态化利用的新思路与新方法［M］．北京：科学出版社，2016.
[23] 王成彦，马保中．红土镍矿冶炼［M］．北京：冶金工业出版社，2020.
[24] 池汝安，田君．风化壳淋积型稀土矿化工冶金［M］．北京：科学出版社，2006.
[25] 郑学家．硼铁矿加工［M］．北京：化学工业出版社，2009.
[26] 王绍文，张宾，杨景玲，等．冶金工业节水减排与废水回用技术指南［M］．北京：冶金工业出版社，2013.
[27] 唐平，曹先艳，赵由才．冶金过程废气污染控制与资源化［M］．北京：冶金工业出版社，2008.
[28] 张兰芳．碱激发矿渣水泥和混凝土［M］．成都：西南交通大学出版社，2018.
[29] 石东升．粒化高炉矿渣细骨料混凝土［M］．北京：冶金工业出版社，2016.
[30] 许传才，杨双平．铁合金冶炼工艺学［M］．北京：冶金工业出版社，2016.
[31] 俞海明，王强．钢渣处理与综合利用［M］．北京：冶金工业出版社，2015.
[32] 李灿华，向晓东，涂晓芊．钢渣处理及资源化利用技术［M］．武汉：中国地质大学出版社，2016.
[33] 郭宇杰，修光利，李国亭．工业废水处理工程［M］．上海：华东理工大学出版社，2016.
[34] 李望，朱晓波．工业废水综合处理研究［M］．天津：天津科学技术出版社，2017.
[35] 高建业，王瑞忠，王玉萍．焦炉煤气净化操作技术［M］．北京：冶金工业出版社，2009.
[36] 项明武，王亮，中国冶金建设协会．转炉煤气净化及回收工程技术规范［M］．北京：中国计划出版社，2016.
[37] 齐振华，周开君．高炉煤气净化与洗气水处理技术［M］．北京：中国环境科学出版社，1991.
[38] 许满兴，张天启．烧结节能减排实用技术［M］．北京：冶金工业出版社，2018.

［39］甘敏，范晓慧．钢铁烧结烟气多污染物过程控制原理与新技术［M］．北京：科学出版社，2019.
［40］陈铁军．现代烧结造块理论与工艺［M］．北京：冶金工业出版社，2018.
［41］王永忠，宋七棣．电炉炼钢除尘［M］．北京：冶金工业出版社，2003.
［42］王海涛，王冠，张殿印．钢铁工业烟尘减排与回收利用技术指南［M］．北京：冶金工业出版社，2012.
［43］朱廷钰，李玉然．烧结烟气排放控制技术及工程应用［M］．北京：冶金工业出版社，2015.
［44］郭培民，潘聪超，庞建明，等．冶金窑炉共处置危险废物［M］．北京：冶金工业出版社，2015.
［45］郭宏伟，高档妮，莫祖学．泡沫玻璃生产技术［M］．北京：化学工业出版社，2014.
［46］陈宁主，胡思琪，邵校．陶瓷概论［M］．南昌：江西高校出版社，2018.